职业院校教学用书（电子类专业）

电子技能与实训

（第4版）

迟钦河　周教生　主编

电子工业出版社

Publishing House of Electronics Industry

北京·BEIJING

内 容 简 介

本书是根据教育部颁布的职业学校《电子技能与实训教学大纲》的要求编写的。全书共分为 8 章：第 1 章介绍常用电子元器件的参数和选用；第 2 章介绍二极管、三极管及运算放大器的基础知识；第 3 章介绍常用电子仪器的原理和使用方法；第 4、5 章介绍印制电路板设计、焊接及元器件装配工艺；第 6 章介绍"电子技能与实训"的基础实验，包括常用电子仪器的使用、电子元器件的测试及电子电路实验；第 7、8 章编入一些较复杂的综合性课程设计及实训的内容，使本书既满足了"电子技能与实训"教学的基本要求，又体现了电子技术的新进展。本书还配有教学指南、电子教案及习题答案（电子版）。

本书适用于职业院校电子、电气类专业。

图书在版编目（CIP）数据

电子技能与实训 / 迟钦河，周教生主编. —4 版. —北京：电子工业出版社，2015.6

ISBN 978-7-121-26339-2

Ⅰ. ①电… Ⅱ. ①迟… ②周… Ⅲ. ①电子技术 Ⅳ. ①TN

中国版本图书馆 CIP 数据核字（2015）第 130319 号

策划编辑：杨宏利

责任编辑：杨宏利　　　　特约编辑：李淑寒

印　　刷：北京七彩京通数码快印有限公司

装　　订：北京七彩京通数码快印有限公司

出版发行：电子工业出版社

　　　　　北京市海淀区万寿路 173 信箱　　邮编　100036

开　　本：787×1 092　1/16　印张：15.5　字数：396.8 千字

版　　次：2002 年 6 月第 1 版

　　　　　2015 年 6 月第 4 版

印　　次：2025 年 2 月第 10 次印刷

定　　价：32.00 元

前　言

本教材是按照教育部颁布的职业学校《电子技能与实训教学大纲》编写的，适合职业院校电气、电子类专业及其他工程院校的相关专业使用。

根据专业人才技术岗位的要求，本书以职业能力的培养为主线，以培养满足新世纪现代化产业的高素质专业人才为目的，结合我国目前职业教育的现状编写而成。教材内容的选取及编写体现了电子技术领域的新知识、新技术、新工艺和新方法。

在广泛征求各有关院校对本教材使用意见和建议的基础上，第 4 版对第 3 版的内容进行了调整和修订，第 4 版教材内容的选取具有以下特点。

（1）注重实训教学的连续性。第 4 版的教学内容仍然以加强学生的基础知识、基本技能的培养和训练为重点。为此，第 4 版仍然保留了第 3 版中的一些重要的内容和实验；同时，增加了传感器及一些电子仪器工作原理的内容，有助于进一步提高学生的实际工作能力。

（2）加强了对学生独立分析问题和解决问题能力的培养。通过大量实践，可以使学生提高仪器操作水平和电子电路装配调试及故障排除能力。

（3）增加了常用电子元器件相关性能参数、常用电子仪器工作原理及其应用电路的内容。这些内容为后面的课程设计实验打下了良好的基础。

（4）课程设计增加了工程测量、控制等实际应用电路内容，这将有助于提高学生分析、解决实际工程问题的能力。

（5）教材内容在选取和编写时，尽量选取大规模及超大规模集成组件，并介绍了单片机在电子技术中的应用，体现了电子技术发展的方向。

（6）本教材力求使用电子电气符号最新国家标准，但是由于使用的习惯性及方便相关技术人员查阅，部分电子电气符号还是采用了旧标准。

本书是作者根据长期从事教学及工程实践的体会编写而成的，力求保证在电子技术内容上的完整性、先进性及工程实践性。第 7、8 章的内容建议以教师辅导、学生自学自做的形式进行讲授，以培养学生的自学能力及独立分析问题、解决问题的能力。全书的授课时数约为 90 学时。

本书由西安交通大学电信学院迟钦河和兰州文理学院周教生任主编，周教生编写了第 1、2、4 章内容；迟钦河编写了第 3、5、6、7、8 章内容。

为了方便教师教学，本书还配有教学指南、电子教案及习题答案（电子版），请有此需要的教师登录华信教育资源网（http://www.hxedu.com.cn）下载或与电子工业出版社联系，我们将免费提供。E-mail:yhl@phei.com.cn

由于编者水平有限、时间仓促，书中错误及不妥之处在所难免，敬请读者和专家批评指正。

编　者

2015 年 5 月

目 录

第 1 章

元　件

1.1　电阻器

1.1.1　概述

电阻器在所有的电子设备中都是必不可少的，在电路中常用于进行电压、电流的控制和传送，通常按如下方法进行分类。

（1）按材料分：主要分为碳质电阻、碳膜电阻、金属膜电阻、线绕电阻等。

（2）按结构分：主要分为固定电阻和可变电阻。

（3）按用途分：主要分为精密电阻、高频电阻、高压电阻、大功率电阻、热敏电阻等。

1.1.2　电阻器的参数

电阻器的参数主要包括标称阻值、额定功率、精度、最高工作温度、最高工作电压、噪声系数及高频特性等。在挑选电阻器时主要考虑其阻值、额定功率及精度，至于其他参数，如最高工作温度、高频特性等只有在特定的电气条件下才予以考虑。

1. 标称阻值

电阻器的标称阻值通常是在电阻的表面标出。标称阻值包括阻值及阻值的最大偏差两部分，通常所说的电阻值即标称电阻中的阻值。这是一个近似值，与实际的阻值有一定偏差。标称值按误差等级分类，国家规定有 E24、E12、E6 系列，见表 1.1。

表 1.1　E24、E12、E6 系列的具体规定

阻值系列	最大误差	偏差等级	标　称　值
E24	±5%	I	1.0，1.1，1.2，1.3，1.5，1.6，1.8，2.0，2.4，2.7，3.0，3.3，3.6，3.9，4.3，5.1，5.6，6.2，6.8，7.5，8.2，9.1

续表

阻值系列	最大误差	偏差等级	标 称 值
E12	±10%	Ⅱ	1.0，1.2，1.5，1.8，2.2，2.7，3.3，3.9，4.7，5.6，6.8，8.2
E6	±20%	Ⅲ	1.0，1.5，2.2，3.3，3.9，4.7，5.6，6.8，8.2

标称值一般用色标法、直标法和文字符号描述法来表示。

（1）色标法。色标法就是用不同的颜色来表示不同的数值和误差，其具体对应关系详见表1.2。电阻器有三环表示和四环表示两种表示方法。

表1.2　电阻色环与数值的对应关系

颜　　色	黑	棕	红	橙	黄	绿	蓝	紫	灰	白	金	银	无色
表示数值	0	1	2	3	4	5	6	7	8	9	10^{-1}	10^{-2}	
表示误差（%）	±1	±2	±3	±4							±5	±10	±20

下面以四环表示法为例来具体说明电阻是如何用色环表示的。

第一色环（从电阻器上看是离端头最近的一环）、第二色环、第三色环分别表示数值 X、Y、Z，则电阻阻值为 $R=XY\times10^{Z}$，第四色环仅表示该电阻的误差。三环表示的时候只有第一环表示基数，第二环表示10的指数，第三环表示误差。

（2）直标法和文字符号表示法。直标法就是在电阻上直接标出电阻的数值。文字符号表示法是把文字、数字有规律地结合起来表示电阻的阻值和误差。符号规定如下：欧姆用"Ω"来表示，千欧姆用"kΩ"来表示，兆欧姆用"MΩ"来表示。

2．电阻器的额定功率表示符号

电阻器有电流流过时会发热，如果温度过高就会使电阻器烧毁。因此在使用电阻器时，应考虑到其额定功率，通常要求电阻器使用时的耗散功率是其额定功率的1/2。电阻的额定功率共分10个等级，其中常用的有：0.05W、0.125W、0.25W、0.5W、1W、2W…

如图1.1所示为在常温、常压下电阻器额定功率的表示方法。

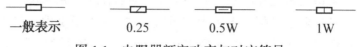

|　一般表示　|　0.25　|　0.5W　|　1W　|

图1.1　电阻器额定功率与对应符号

1.1.3 **常用电阻器**

1．碳质电阻

碳质电阻是由碳粉、填充剂等压制而成，价格便宜但性能较差，现在已不常用。

2．线绕电阻

线绕电阻是由电阻率较大、性能稳定的锰铜、康铜等合金线涂上绝缘层，在绝缘棒上绕制而成。其阻值计算公式为

$$R=\rho l/s$$

式中，ρ 为合金线的电阻率；l 为合金线长；s 为合金线的截面积。当 ρ、s 为定值时电阻值和长度具有很好的线性关系，精度高、稳定性好，但具有较大的分布电容，多用在需要精密电阻的仪器仪表中。

3．碳膜电阻

碳膜电阻是由结晶碳沉积在磁棒或瓷管骨架上制成的，稳定性和高频特性较好，并能工作在较高的温度下（70℃），目前在电子产品中得到了广泛的应用。其涂层多为绿色。

4．金属膜电阻

与碳膜电阻相比，金属膜电阻只是用合金粉替代了结晶碳，除具有碳膜电阻的特性外，它能承受更高的工作温度。其涂层多为红色。

5．热敏电阻

热敏电阻的电阻值会随着温度的变化而变化，一般用做温度补偿和限流保护等。它从特性上可分为两类：正温度系数电阻和负温度系数电阻。正温度系数的阻值随温度升高而增大，负温度系数的电阻则相反。

热敏电阻在结构上分为直热式和旁热式两种。直热式是利用电阻体本身通过电流产生热量，使其电阻值发生变化；旁热式热敏电阻器由两个电阻组成，一个电阻为热源电阻，另一个电阻为热敏电阻。

6．贴片电阻

该类电阻目前常用在高集成度的电路板上，它体积很小，分布电感、分布电容都较小，适合在高频电路中使用。贴片电阻一般用自动安装机安装，对电路板的设计精度有很高的要求，是新一代电路板设计的首选组件。

1.1.4　电位器

电位器实际上是一种可变电阻器，可采用前述各种电阻制成。它通常由两个固定输出端和一个滑动抽头组成。

根据结构不同电位器可分为单圈、多圈；单联、双联；带开关、不带开关；锁紧和非锁紧电位器。按调节方式可分为旋转式电位器、直滑式电位器。在旋转式电位器中，按照电位器的阻值与旋转角度的关系又可分为直线式、指数式、对数式。常用电位器具

体形状如图 1.2 所示。表 1.3 列出了常用电位器使用材料与标志符号。

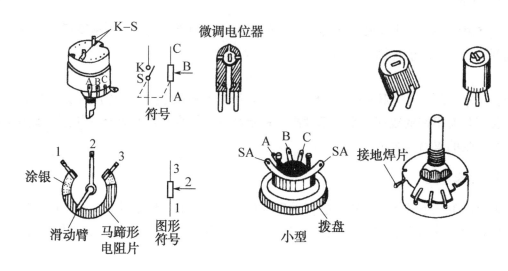

图 1.2　常用电位器的外形和符号

表 1.3　常用电位器使用材料与标志符号

类　　　别	碳膜电位器	合成碳膜电位器	线绕电位器	有机实心电位器	玻璃釉电位器
标志符号	WT	WTH（WH）	WX	WS	WI

1.1.5　用万用表测量电阻器、电位器的阻值

1．电阻器的测量

电阻器在使用时要进行测量，检查其阻值与标称值是否相符。用万用表测量电阻时，应用万用表的欧姆挡进行测量。测量时要根据电阻值的大小选择合适的量程，以提高测量精度；同时注意手不能同时接触被测电阻的两根引线，以避免人体电阻的影响。

2．电位器的测量

如图 1.2 所示，电位器的引线脚分别为 A、B、C，开关引线脚为 K 和 S。首先用万用表测电位器的标称值；然后再测量 A、B 两端或 B、C 两端的电阻值，并慢慢地旋转轴，若这时表针平稳地朝一个方向移动，没有跳跃现象，则表明滑动触点与电阻体接触良好；最后再测量 K 与 S 之间的开关功能。

1.2 电容器

1.2.1 概述

电容就是用于存储电荷的容器。比较简单的电容模型是两个金属板中间夹上一层绝缘材料，这层绝缘材料也可以是空气。表 1.4 列出了几种常用电容器的图形符号。

表 1.4 电容器常用图形符号

新国标	旧国标	新国标	旧国标
─┤├─ 固定电容器	─┤ ├─ 固定电容器	─┤╱├─ 可调电容器	─┤╱├─ 可调电容器
─┤├─ + 电解电容器	─┤▯├─ 电解电容器	─┤╱├─ 微调电容器	─┤╱├─ 半可调电容器

电容器在电路中通常用来隔离直流、级间耦合及滤波等，在调谐电路中和电感一起构成谐振回路。在电子设备中，电容是不可缺少的组件。电容器的种类很多，其分类如下所述。

（1）按结构分：分为固定电容器、半可变电容器、可变电容器。

（2）按介质材料分：分为气体介质电容器、液体介质电容器、无机介质电容器、电解电容器（又分为液式和干式）。

（3）按阳极材料分：分为铝、钽、铌、钛电解电容等。

（4）按极性分：分为有极性、无极性两种。

1.2.2 电容器的主要参数

1. 电容器型号命名

例如，某电容器标注为 CZD-250-0.47-±10%，其含义如下：

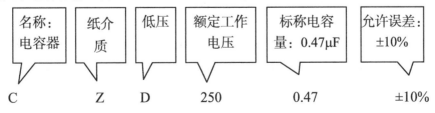

名称：电容器	纸介质	低压	额定工作电压	标称电容量：0.47μF	允许误差：±10%
C	Z	D	250	0.47	±10%

2. 电容量

电容量是指电容器储存电荷的能力。常用单位有法（F）、微法（μF）、皮法（pF）。

三者的关系为：$1pF=10^{-6}\mu F=10^{-12} F$。

通常，容量为微法级的电容器直接在上面标注其容量，如 $47\mu F$；而皮法级的电容则用数字标注其容量，如 332 即表明容量为 3 300pF，即最后位为 10 的指数，这和用数字表示电阻值的方法是一样的。

3．其他参数

（1）额定直流工作电压：这是指电容器在常温常压下，能长期可靠工作的所能承受的最大直流电压。如果电容器工作在交流电路中，则交流电压的幅值不能超过电容额定直流工作电压。常用的固定式电容器的额定直流工作电压为：6.3V、10V、16V、25V、40V、63V、100V、160V、250V、400V…

（2）绝缘电阻：电容器的绝缘电阻是指电容器两极之间的电阻，或称为漏电阻。漏电流与漏电阻的乘积为电容器两端所加的电压。绝缘电阻的大小决定了一个电容器介质性能的好坏。

国家规定了一系列容量值作为产品标称。固定式电容器的标称容量系列见表 1.5。

表 1.5　固定式电容器标称容量系列 E24、E12、E6

标　称　值	最大误差	偏差等级	标　称　值
E24	±5%	Ⅰ	1.0，1.1，1.2，1.3，1.5，1.6，1.8，2.0，2.2，2.4，2.7，3.0，3.3，3.9，4.3，4.7，5.1，5.6，6.2，6.8，7.5，8.2，9.1
E12	±10%	Ⅱ	1.0，1.2，1.5，1.8，2.2，2.7，3.3，3.9，4.7，5.6，6.8，8.2
E6	±20%	Ⅲ	1.0，1.5，2.2，3.3，4.7，6.8

1.2.3　常用电容器

1．电解电容器

电解电容器是目前用得较多的大容量电容器。它体积小、耐压高（一般耐压越高体积也就越大），其介质为正极金属片表面上形成的一层氧化膜，负极为液体、半液体或胶状的电解液。因其有正、负极之分，故只能工作在直流状态下，如果极性用反，将使漏电流剧增，在此情况下电容器将会急剧变热而损坏，甚至会引起爆炸。一般厂家会在电容器的表面上标出正极或负极，新买来的电容器引脚长的一端为正极。

目前铝电容用得较多，钽、铌、钛电容相比之下漏电流小、体积小，但成本高，通常用在性能要求较高的电路中。

2. 云母电容器

云母电容器是用云母片做介质的电容器，其高频性能稳定、耐压高（几百伏～几千伏）、漏电流小，但容量小、体积大。

3. 瓷质电容器

瓷质电容器是采用高介电常数、低损耗的陶瓷材料作为介质的电容器。它体积小、损耗小、绝缘电阻大、漏电流小、性能稳定，可以工作在超高频段，但耐压低、机械强度较差。

4. 玻璃釉电容器

玻璃釉电容器具有瓷质电容器的优点，但比同容量的瓷质电容器体积小，工作频带较宽，可在 125℃ 的高温下工作。

5. 纸介电容器

纸介电容器的电极用铝箔、锡箔做成，绝缘介质是浸蜡的纸、锡箔或铝箔与纸相叠后卷成圆柱体，外包防潮物质。它体积小、容量大，但性能不稳定，高频性能差。

6. 聚苯乙烯电容器

聚苯乙烯电容器是一种有机薄膜电容器。它以聚苯乙烯为介质，用铝箔或直接在聚苯乙烯薄膜上蒸上一层金属膜为电极。这种电容器绝缘电阻大、耐压高、漏电流小、精度高，但耐热性差，焊接时过热会损坏电容。

7. 片状电容器

目前，片状电容器广泛应用在混合集成电路、电子手表电路和计算机中，有片状陶瓷电容、片状钽电容、片状陶瓷微调电容等，具有体积小、容量大等特点。

8. 独石电容器

独石电容器是用以钛酸钡为主的陶瓷材料烧结而成的一种瓷介质电容器，体积小、耐高温、绝缘性能好、成本低，多用于小型和超小型电子设备中。

9. 可变电容器

可变电容器种类很多，按结构可分为单联（一组定片，一组动片）、双联（两组动片，两组定片）、三联、四联等；按介质可分为空气介质、薄膜介质电容器等。其中，空气介质电容器使用寿命长，但体积大。一般单联用于直放式收音机的调谐电路，双联用于超外差式收音机。薄膜介质电容器在动片和定片之间以云母或塑料片作为介质，其体积小、重量轻。如图 1.3 所示为空气单联、双联可变电容器及其在电路中的符号。

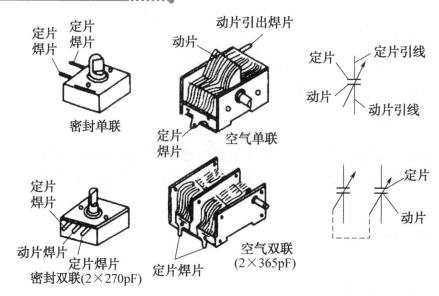

图 1.3　空气单联、双联可变电容器及其在电路中的符号表示

10. 半可调电容器（微调电容器）

半可调电容器在电路中主要用做补偿和校正，调节范围为几十皮法。常用的半可调电容器有：有机薄膜介质微调电容器、瓷介质微调电容器、拉线微调电容器和云母微调电容器等。如图 1.4 所示为几种微调电容器的外形图及其在电路中的符号。

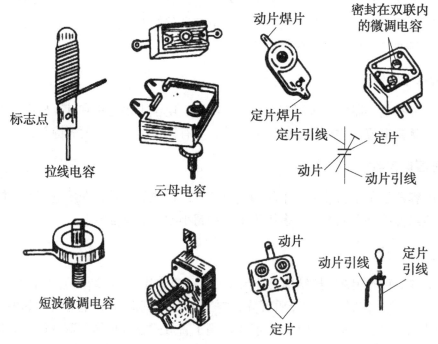

图 1.4　各种微调电容器的外形图及其在电路中的符号表示

1.2.4　用万用表检测电容器

在使用电容器前，必须对电容器进行测量，此时应使用专用仪器，如电容测量仪。在某些情况下，对电容量大于 0.1μF 的电容器，可用万用表进行检测。其检测方法是：首先根据电容器容量的大小选择合适的量程，通常 0.1～10μF 选用"R×k"挡，10～300μF 选用"R×10k"挡。然后用表笔分别接触电容器的两根引线，表针先朝顺时针方向转动，再慢慢地向反方向退回到 $R=\infty$ 的位置（零点位置）。当指针不能回到零点时说明电容器漏电；如果表针距零点位置较远，则表示电容器漏电严重，不能使用。

1.3　电感器

1.3.1　概述

电感器有存储电磁能的作用，在电路中表现为阻碍电流的变化。它多用漆包线、纱包线绕在铁芯、磁芯上构成，圈与圈之间相互绝缘，电路中用 L 表示。如图 1.5 所示为几种电感器的符号。

电感按形式可分为固定电感、可变电感和微调电感；按磁体的性质可分为空心线圈、磁芯线圈；按结构分为单层线圈、多层线圈。

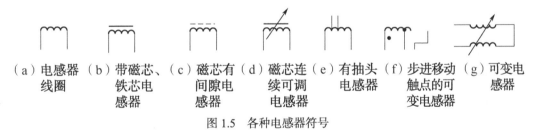

（a）电感器　（b）带磁芯、（c）磁芯有（d）磁芯连（e）有抽头（f）步进移动（g）可变电
　线圈　　铁芯电　间隙电　续可调　电感器　触点的可　感器
　　　　　感器　　感器　　电感器　　　　变电感器

图 1.5　各种电感器符号

1.3.2　电感器的主要参数

1. 电感量

电感量的单位有亨（H）、毫亨（mH）、微亨（μH）。其换算关系为 $1H=10^3mH=10^6μH$。

2. 品质因数（Q 值）

品质因数是电感的主要参数，如果线圈的损耗小则 Q 值就高，反之 Q 值就低。

3．分布电容

由于绝缘的线圈相当于电容器的两极，所以电感上会分布有许多小电容，称为分布电容。分布电容的存在是导致品质因数下降的主要因素，所以一般会通过各种方法来减小分布电容。

4．额定电流

额定电流主要是对高频电感器和大功率调谐电感器而言，要求正常工作时通过电感器的电流小于其额定电流。

1.3.3 常用电感器

1．固定电感线圈

固定电感线圈一般是将绝缘铜线绕在磁芯上，外层包上环氧树脂或塑料。固定电感线圈体积小、重量轻、结构牢固，广泛应用于电视机、收录机中，有立式和卧式两种。其工作频率为 10kHz～200MHz。

2．可变电感线圈

可变电感线圈是通过改变插入线圈中的磁芯的位置来改变电感量。例如磁棒式天线线圈就是可变电感线圈，常在收音机中与可变电容器组成调谐回路，用于接收无线电波信号。

3．微调电感器

微调电感器用于小范围改变电感量，调整局部电路的参数。

4．阻流圈

阻流圈亦称为扼流圈，分为高频扼流圈和低频扼流圈两种。高频扼流圈用于阻止高频分量的通过；低频扼流圈又叫做滤波线圈，它可与电容器组成滤波电路。

1.4 变压器和继电器

1.4.1 变压器

1．概述

变压器一般用绝缘铜线绕在磁芯或铁芯外制成，主要用于改变交流电压和交流电流的大小，也做阻抗变换和隔直流用。实际应用中，有电源变压器、线间变压器、音频变压器、中频变压器和高频变压器等多种类型。如图 1.6 所示为变压器外形和它在电路中的符号。

2．常用变压器

（1）音频变压器。这类变压器主要用于对音频（小于 3 400Hz）信号进行处理，用做阻抗匹配、耦合、倒相等。他一般有两组或两组以上的线圈，输入线圈的阻值较高，输出线圈的阻值较低。

（2）中频变压器。中频变压器又叫做中周，与电容器组成谐振回路，在超外差式（机内产生一个与外部输入信号有固定差值的信号，经调制产生一个中频的有用信号）收音机和电视机中使用。常用的有单调谐和双调谐两种，双调谐指有两组谐振回路。

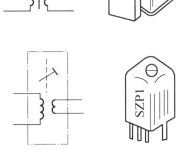

图 1.6   变压器外形及其在电路中的符号

（3）行输出变压器。行输出变压器又称为逆行程变压器，常用在电视机扫描输出级，为显像管提供阳极高压、加速极电压、聚焦极电压和其他电路所需的直流电压。它由高压线圈、低压线圈、U 形磁芯及骨架组成。

（4）电源变压器。电源变压器用做电压的变换，可以产生各种电路所需的电压。

1.4.2 继电器

1．概述

继电器是起控制和转换电路的作用，在大电流、高压等危险地方的自动控制设备中经常采用。

继电器种类很多，按用途可分为启动继电器、限时继电器和延时继电器等。

2．继电器的主要参数

（1）额定工作电压。额定工作电压是指继电器正常工作所需电压，有交、直流之分。

（2）触点的切换电压和电流。触点的切换电压和电流是指继电器允许加载的最大电压和电流，它决定继电器能控制的电压和电流的大小。

（3）吸合电流。吸合电流是使继电器产生吸合动作所需要的最小电流，这是保证继电器正常工作的最低电流。当继电器的输入电阻已知时，也可以在说明中给出其最小电压。

（4）释放电流。释放电流是使继电器无法保持吸合状态的最大电流，这个电流要比吸合电流小得多。

3．继电器触点

继电器的触点有三种形式：常开触点（H）、常闭触点（D）、转换触点（Z）。常开触点的继电器在不通电的时候两个触点是断开的，常闭触点则相反。转换触点继电器有三组触点，线圈不通电的时候中间触点与其中的一组闭合，与另一组分开。通电后使原来闭合的变成断开，断开的变成闭合。其名称和符号见表1.6。

表 1.6　触点名称和符号

名　　称	符　　号	继电器在吸合时	名　　称	符　　号	继电器在吸合时
常开（动合）触点	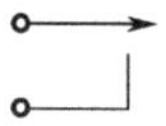	触点闭合	双转换触点	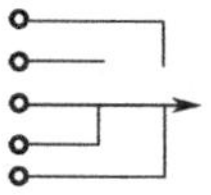	两组常开触点闭合 两组常闭触点断开
常闭（动断）触点	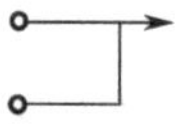	触点断开	双常闭（动断）触点	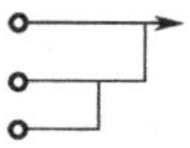	两组触点同时断开
双常开（动合）触点	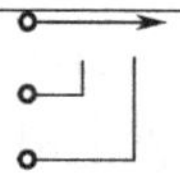	两组触点同时闭合	转换触点	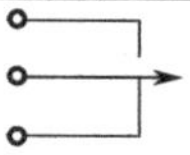	常开触点闭合常闭触点断开

1.5　半导体二极管和三极管

1.5.1　二极管

1．概述

半导体二极管和三极管的出现代表着晶体管时代的到来。晶体管的大量应用使得电子设备的体积大大缩小，速度也越来越快。

半导体二极管有许多种类。

（1）按材料可分为锗管、硅管和砷化镓管等。

（2）按结构可分为点接触型和面接触型。面接触型能通过较大的电流，但结电容较大；点接触型则相反。

（3）按用途可分为整流、检波、变容、稳压、开关、发光二极管等。如图1.7所示是常用二极管的符号。

所有的半导体二极管都有这样的特性：施加一个大于开启电压的正向电压的时候，其电阻很小，正向压降硅管为0.7 V左右，锗管为0.3V左右，这也被称为开启电压。施

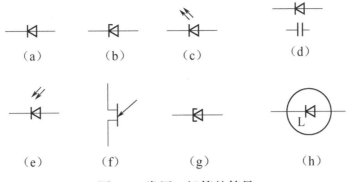

图 1.7　常用二极管的符号

加一定范围的反向电压时，其电阻很大，但当反向电压大于一定值的时候，反向电流会迅速增加，这个电压叫做反向击穿电压。一般二极管正常工作时要求反向电压小于其反向击穿电压，但有些特殊的二极管如稳压二极管就是工作在反向击穿电压区的。

2．常用二极管介绍

（1）整流二极管。整流二极管用于整流电路，把交流电变换成脉动的直流电。它通常采用面接触型二极管，结电容较大，故一般工作在 3kHz 以下。实际应用中，有把 4 个二极管做成桥式整流封装起来使用的，也有专门用于高压、高频整流电路的高压整流堆。

（2）稳压二极管。稳压二极管是利用二极管反向击穿时其两端电压基本保持不变的特性制成的。稳压二极管正常工作时要求输入电压应在一定范围内变化，当输入电压超过一定值，使流过稳压管的电流超过其上限值时，将会使稳压管损坏；而当输入电压小于稳压管的稳压范围时，电路将得不到预期的稳定电压。

（3）变容二极管。变容二极管一般工作于反偏状态，其势垒电容会随着外加电压的变化而变化，电压变大电容就变小。在高频自动调谐电路中，通常用电压去控制变容二极管从而控制电路的谐振频率。自动选台的电视机就要用到这种电容。

（4）发光二极管。发光二极管能把电能转化为光能，发光二极管正向导通时能发出红、绿、蓝、黄及红外光，可用做指示灯和微光照明。应用时可以用直流、交流（要考虑反向峰值电压是否会超过反向击穿电压）、脉动电流驱动。一般发光二极管的正向电阻较小，如图 1.8 所示为几种发光二极管和驱动电路，改变 R 的大小就可改变发光二极管的亮度。表 1.7 列出了几种发光二极管的参数。

（5）光电二极管。光电二极管和发光二极管一样是由一个 PN 结构成的，但它的结面积较大，可接收入射光。其 PN 结接反向电压时，在一定频率光的照射下，反向电阻会随光强度的增大而变小，反向电流增大。光电二极管在光通信中可作为光电转换器件。它总是工作在反向偏置状态。

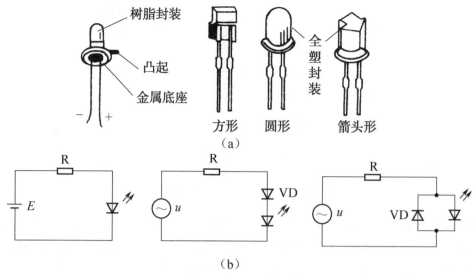

图 1.8　发光二极管和驱动电路

表 1.7　几种发光二极管的参数

参数 型号	最大工作电流 （mA）	反向击穿 电压（V）	正向电压 （V）	正向工作 电流（mA）	发光波长 （μm）	光颜色
2EF21	75	≥3	≤1.5	50	0.54	绿
2EF31	30	≥5	≤2	1	0.66～0.68	红
2EF32	20	≥5	≤2	0.8	0.66～0.68	红
2EF33	15	≥5	≤2	0.5	0.66～0.68	红

光电二极管的主要参数有：暗电流（无光照射时的反向电流）、光电流（有光照射时的反向电流）、最高工作电压（指暗电流不超过允许值的最高反向电压）。光学参数有以下几项。

① 灵敏度：给定波长的入射光产生的光电流与光照强度的比值。

② 频谱范围：光电二极管所能接受的光的频谱范围，锗管的光谱范围比硅管宽。

③ 峰值波长：光电二极管达到最大灵敏度时入射光的波长，锗管为 1.465μm，硅管为 0.9μm。

④ 响应时间：光电二极管将光信号转化为电信号所需要的时间。

3．用万用表测试半导体二极管

通常可用万用表来检测二极管的好坏。当使用指针式万用表测量二极管时，万用表的红表笔接二极管的阴极，黑表笔接二极管的阳极，测量的是二极管的正向电阻。将红、黑表笔对调测得的是反向电阻。

对于锗小功率二极管，其正向电阻一般为 100～1 000Ω；而硅二极管的正向电阻一般为几百欧姆到几千欧姆。它们的反向电阻都在几百千欧姆以上。

当使用数字式万用表时，万用表的红表笔接二极管的阳极，黑表笔接二极管的阴极，测得的是二极管的正向电阻。将红、黑表笔对调测得的是反向电阻值。

1.5.2 三极管

半导体三极管可分为双极型（BJT）三极管、场效应管（FET）和光电三极管。

1．双极型半导体三极管

（1）概述

双极型三极管的三个引脚为基极（B）、发射极（E）和集电极（C）。它有多种分类方法：

① 按材料分可分为锗管和硅管；

② 按结构分可分为点接触型和面接触型；

③ 按工作频率分可分为高频管、低频管、开关管；

④ 按功率分可分为大、中、小型三极管；

⑤ 按 PN 结的不同可分为 PNP、NPN 型。

（2）主要参数

双极型三极管有直流参数（三极管在正常工作时需要的直流偏置，亦称为直流工作点）、交流参数 β（放大倍数）和工作频率 f 等。

通常三极管的外壳上会用不同的色标来标明该三极管放大倍数所处的范围。

硅、锗开关管，高低频小功率管，硅低频大功率管 D 系列，DD 系列，3CD 系列的标记如下。

0～15	15～25	25～40	40～55	55～80	80～120	120～180	180～270	270～400	400～600
棕	红	橙	黄	绿	蓝	紫	灰	白	黑

锗低频大功率 3AD 系列的标记如下。

20～30	30～40	40～60	60～90	90～140
棕	红	橙	黄	绿

（3）双极型三极管的使用

选用三极管时，需要考虑它的特征频率、电流放大倍数、集电极耗散功率、反向击穿电压等参数，一般三极管的生产厂家会给出这类参数。此外，还应考虑以下几点：

① 特征频率应高于工作电路频率的 3～5 倍，以保证三极管放大倍数在工作频率范围内的稳定性，但不可太高，否则易引起高频振荡。

② 三极管电流放大倍数应根据具体电路加以选择，目前有些数字万用表可直接测得

β值，但会有一定的误差。

③ 三极管的集电极最大耗散功率要大于它工作时的功耗（输入电压与输入电流的乘积）。

④ 反向击穿电压应大于电源电压。

⑤ 用新三极管替换原来的三极管时，一般遵循"就高不就低"的原则，即所选管子的各种性能不能低于原来的管子。

⑥ 大功率管使用时散热器要和管子的底部接触良好，必要时中间可涂导热有机硅胶。

2. 场效应管

（1）概述

场效应管具有很高的输入电阻（$10^9 \sim 10^{14}\Omega$）、较小的输出电阻并且本身的功耗很小，噪声低、抗辐射能力强、便于集成，因而得到广泛应用。在超大规模集成电路中，最小单位往往就是场效应管。数字电路中常用的与门、或门等简单门电路也常用场效应管构成。其三个极分别为栅极（G）、漏极（D）和源极（S）。场效应管按沟道注入离子的不同分为P型和N型，按其栅极的不同生成方式可分为结型场效应管和绝缘栅型场效应管。绝缘栅型场效应管按工作状态又可分为增强型和耗尽型。如图1.9所示为结型场效应管和绝缘栅型场效应管的电路符号。

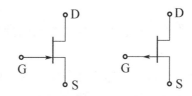

（a）N沟道　　（b）P沟道
结型场效应管电路符号

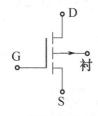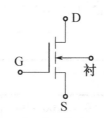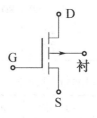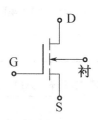

（a）增强型P沟道　（b）增强型N沟道　（c）耗尽型P沟道　（d）耗尽型N沟道
绝缘栅型场效应管电路符号

图1.9　场效应管

（2）场效应管的主要参数及注意事项

① 场效应管的主要参数有夹断电压（开启电压）U_{GS}、饱和漏电流I_{DSS}、直流输入电阻、跨导和击穿电压等。除耗尽型场效应管外，其他的类型都需要一个开启电压U_{TH}才能正常工作。表1.8列出了两种常用场效应管的参数。

表 1.7　常用场效应管的参数

参　　数	MOS 管 N 沟道结型				MOS 管 N 沟道耗尽型		
	3DJ2	3DJ4	3DJ6	3DJ7	3DJ01	3DJ02	3DJ04
饱和漏电流（mA）	0.3 ~ 10	0.3 ~ 10	0.3 ~ 10	0.35 ~ 1.8	0.35 ~ 10	0.35 ~ 25	0.35 ~ 10.5
夹断电压（V）	< |1 ~ 91|	< |1 ~ 91|	< |1 ~ 91|	< |1 ~ 91|	≤ |1 ~ 91|	≤ |1 ~ 91|	≤ |1 ~ 91|
正向跨导（μV）	> 2 000	> 2 000	> 1 000	> 3 000	≥ 1 000	≥ 4 000	≥ 2 000
最大漏源电压（V）	> 20	> 20	> 20	> 20	> 20	> 12 ~ 20	> 20
最大耗散功率（mw）	100	100	100	100	100	25 ~ 100	100
栅源绝缘电阻（Ω）	≥ 10^8	≥ 10^9	≥ 10^8	≥ 10^8	≥ 10^8	≥ 10^8	≥ 10^9

② 注意事项。

● 由于场效应管的输入电阻很高，容易造成栅极上电荷积累，导致感应电压过高而被击穿。焊接、保存及运送过程要保证场效应管有着很好的释放电荷的途径。现在许多场效应管本身就具有保护放电电路，这样使用起来会方便些。

● 结型场效应管的源极和漏极是对称的，源极和漏极互换使用不影响效果。

1.6　集成运算放大器和集成稳压器

1.6.1　概述

集成电路是指把能实现一定功能的电路做在一块硅片上。它按功能可分为数字集成电路、模拟集成电路和微波集成电路等。

在模拟集成电路方面，主要有集成运算放大器、集成稳压电源及一些音像、图像专用集成电路。

集成运算放大器按用途分为通用型和专用型。通用型有低、中、高增益三类。其功耗、精度、输入阻抗等各项指标比较均匀，适合通用型电子线路。专用型一般在某些指标上比较突出，适用于专用领域。运算放大器的电路符号如图 1.10 所示。

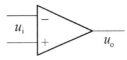

图 1.10　运算放大器的电路符号

（1）集成运算放大器的分类。专用型运算放大器主要有以下几种。

① 高精度型。高精度型运算放大器具有低温漂、低噪声的优点，一般用于精密测量、自控仪表等信号量为毫伏级或微伏级的信号处理电路中。

② 低功耗型。这类运算放大器的功耗很小，一般采用有源负载（用一些场效应管或三极管构成一个需要静态偏置电流但又具有很高的交流电阻的电路）替代高阻电阻，以此来保证较小的静态偏置电流和低功耗。

③ 高速型。高速型运算放大器一般具有较大的工作频带和较高的转换速率，国产型号有 F715、F722、F318、4E321 等；国外型号有 μA207，它的 $S_R = 500V/\mu s$。高速型运算放大器主要用于快速 A/D 和 D/A 转换、有源滤波、高速采样保持电路及锁相环等高速电路中。

④ 大功率型。大功率型运算放大器的输出电流可达到安培级，功率达几十瓦。而一般集成运算放大器的输出电流仅为毫安级。大功率运算放大器一般可直接向负载输出信号电流。

⑤ 程控型。程控型运算放大器的参数会随外部偏置电流的改变而改变，可用在要求电参数变化的电路中。

（2）集成运算放大器的测试。集成运算放大器的具体性能及参数需要采用相应的测试电路来确定，下面就介绍用万用表粗测 LM324 各引脚的电阻值。如图 1.11 所示为 LM324 的引脚排列和内部的简化电路。图中 V_{CC+}、GND 分别为正电源端和地，IN_+、IN_- 分别为同相输入端和反相输入端，OUT 为输出端。

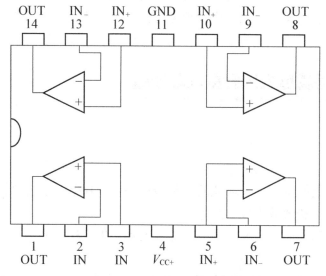

图 1.11　LM324 引脚排列和内部的简化电路

表 1.9 是用"R×1k"挡测得的各引脚电阻值的典型资料。

表 1.9 LM324 各引脚电阻值的典型值

黑表笔位置 （万用表的正极所在）	红表笔的位置 （万用表的负极所在）	正常电阻 （kΩ）	不正常电阻
V_{CC+}	GND	16 ~ 17	–
GND	V_{CC+}	5 ~ 6	–
V_{CC+}	IN+	50	0 或 ∞
V_{CC+}	IN-	55	–
OUT	V_{CC+}	20	–
OUT	GND	60 ~ 65	–

1.6.2 集成稳压电源

集成稳压电源常用在电子设备的电源电路中，当输入电压在一定范围内变化时它可输出一个稳定的电压。集成稳压电源有三端固定式、三端可调式和单片开关电源等。

1. 三端固定式

三端固定式是一种串联调整式稳压器，把取样、补偿、保护电路做在一个片子上，有三个引脚。根据不同电路要求可选择具有不同输出电压的三端固定式稳压器。

三端固定式稳压器使用非常方便，因此获得广泛应用。其典型产品有输出正电压的W7800 系列和输出负电压的 W7900 系列。每个系列按其输出电压值的大小又可分为 5V、6V、7V、8V、9V、10V、11V、12V、15V、18V、24V 共十一种。例如，三端稳压器 W7805 的输出电压为+5V，而三端稳压器 W7905 的输出电压则为–5V。固定式三端稳压器的典型电路如图 1.12 所示。

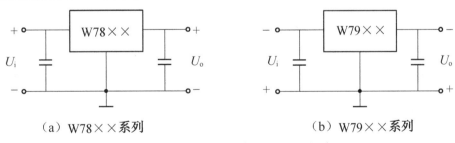

（a）W78××系列　　　　　　　　　　（b）W79××系列

图 1.12　固定式三端稳压器的电路

2. 三端可调式

与三端固定式相比，三端可调式的输出电压可调，且输出电压纹波小，只需变换两只外接电阻的阻值就可获得不同的输出电压。由可调式三端稳压器 CW317 构成的输出连续可调的正稳压电路如图 1.13 所示。CW317 稳压器内部含有过流、过热保护电路。R 和 RP 组成了电压输出调节电路，其输出电压为

$$U_o \approx 1.25(1 + R_w / R)$$

R 的取值为 120 ~ 240Ω，流经 R 的电流为 5 ~ 10mA。RP 为精密可调电位器。

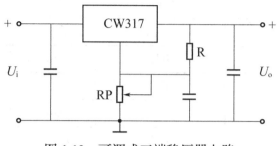

图 1.13　可调式三端稳压器电路

3．单片开关式集成稳压电源

单片开关式集成稳压电源的效率特别高，工作时先把直流变成高频交流再变回直流。这样做并非多此一举，开关电源内部的各个管子工作于开关状态，使得管子本身损耗的功率很小。开关式集成稳压电源的控制方式有脉宽调制和脉冲控制两种方式。

1.7　传感器

1.7.1　概述

在所有的物理量中，电量是最容易被测量和处理的物理量。当需要对其他非电物理量进行测量时，人们通常会把非电物理量转换成为与之有确定对应关系的电量。这种转换装置叫做传感器。

传感器的应用极其广泛，它是测量装置和控制装置中的重要器件。计算机为信号的处理提供了极其完善的手段，而计算机处理的这些信号通常都是由传感器提供的。如果没有传感器对物理量原始参数进行准确、可靠的测量，计算机对信号数据处理的结果将不可能是精确的。

1.7.2　常用传感器

传感器的种类繁多，应用非常广泛。常用的传感器有温度、声音、光、磁、压力、流量、位移、速度、加速度等各种类型，现简要介绍如下。

1．温度传感器

（1）热电偶

热电偶是基于塞贝克效应而制成的，其工作原理如图 1.14 所示。它由两种不同的金属 A 和 B 连在一起构成，当温度 T 和 T_0 不同时，在热电偶的两端将产生温差电动势 E。电动势 E 的大小取决于温度 T 和 T_0 的差值，即电动势 E 的大小将会随着温度 T 和 T_0 的差值增大而增大。

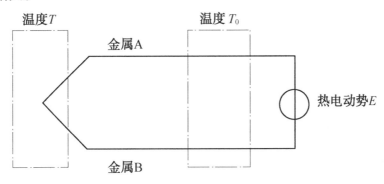

温度 T　　　　　　　温度 T_0

金属A

热电动势 E

金属B

图 1.14　热电偶的工作原理

常用的热电偶有铂-铂铑热电偶、镍铬合金-镍铝合金热电偶、铜-康铜热电偶等。

（2）测温电阻

测温电阻就是利用一些金属（如铂、铜、镍等）的电阻率随温度的变化而变化的特性制成的测温电阻器。金属电阻器具有性能稳定、线性度好及量程大的优点，通常用于高精度的测温场合。

（3）热敏电阻

热敏电阻是利用对温度敏感的半导体材料制成的，它具有尺寸小、响应速度快、灵敏度高等优点，应用非常广泛。热敏电阻按温度系数可分为负温度系数热敏电阻（NTC）、正温度系数热敏电阻（PTC）和临界温度系数热敏电阻（CTR）三种类型；按工作方式可分为直热式、旁热式和延迟电路三种。

（4）PN 结温度传感器

PN 结温度传感器是利用结电压随温度的变化而变化的原理进行温度测量的。当测温 PN 结处于正偏电流工作状态时，在一定范围内，正向结压降将随温度的升高而递减。温度每升高 1℃，结压降大约减小 2mV。PN 结温度传感器具有灵敏度高、体积小、重量轻、响应快、造价低等优点。

2．霍尔传感器

霍尔传感器是利用半导体磁电效应中的霍尔效应制成的霍尔集成电路。它能感知与磁有关的物理量，而输出相应的电信号。

将一载流体置于磁场中静止不动，若此载流体中的电流方向与磁场方向不同，则在此载流体中，平行于由电流方向和磁场方向所组成的平面上将产生电动势，此现象叫做霍尔效应。

利用霍尔效应制成的霍尔集成电路可进行磁场测量、大直电流测量，可制成无触点开关以及进行位移、速度、转速等物理量的测量。

3. 光电传感器

在光的作用下，半导体的电性能会发生变化。利用半导体的这种光电特性，可将光信号转变成为电信号。

光电传感器根据检测模式可分为反射式光电传感器、透射式光电传感器和聚焦式光电传感器。

4. 力学量传感器

力学量传感器可将被测的力学量转换成为电信号。这些力学量包括位移、速度、加速度、重力、压力、扭矩和振动等。

1.8　接插件

接插件俗称插座，又称为连接器。在现代电子系统中为了便于组装、维修、置换、扩充而设计了许多类型的接插件，广泛用于各种集成电路、印制电路板与分立元器件、基板与面板等之间。接插件主要用于传输信号和电流，以及控制所连接的电路的接通和断开。在具体应用中要求接插件接触可靠，具有良好的导电性、高的绝缘性、足够的机械强度和适当的插拔力。

1.8.1　接插件介绍

1. 矩形连接器

矩形连接器如图 1.15 所示。矩形排列能充分利用空间，所以广泛用于机内互联，当带有外壳或锁紧装置时也可用于机外电缆的连接。通常计算机的显示器和显示卡相连的部位就采用带有锁紧螺丝的矩形连接器。

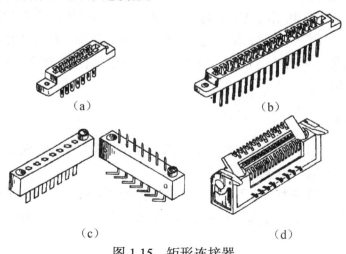

（a）　　　　　　　　　　（b）

（c）　　　　　　　　　　（d）

图 1.15　矩形连接器

2．带状扁平电缆接插头

带状电缆是一种由多条导线做成的扁平电缆，如图 1.16 所示。它占用空间小，容易实现跳线和模块互连，在高密度的印制电路板中用得很多。带状电缆连接器的断头靠刀头刺破绝缘层来实现接点连接。目前广泛应用的有 D 型 9 芯、25 芯、37 芯，以及用于计算机系统的 10、20 等偶数引脚的矩形插头和插座。

3．圆形连接器

圆形连接器如图 1.17 所示。它有一个标准的旋转锁紧机构，具有防水、密封及电磁场的屏蔽功能，故在恶劣的环境下用得较多。

图 1.16　带状电缆接插头

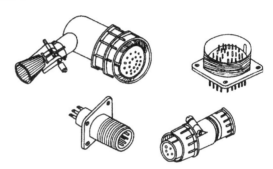

图 1.17　圆形连接器

4．印制板连接器

印制板连接器的结构形式有直接型、绕接型、间接型和铰链型，如图 1.18 所示。

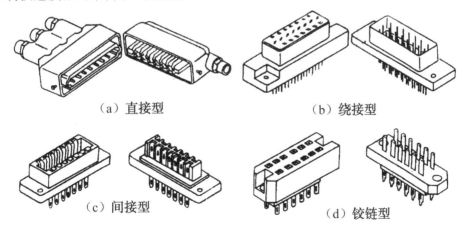

（a）直接型　　　　　　　　　　（b）绕接型

（c）间接型　　　　　　　　　　（d）铰链型

图 1.18　印制板连接器

1.8.2　使用接插件注意事项

（1）选用接插件应根据具体使用环境和电气、机械要求，留有一定余量。例如，一个地方的环境温度为-30～40℃，那么最好使用工作温度为-50～50℃的接插件。

（2）接插件接触表面要保持干净，避免不必要的插拔。

（3）在一些对安全性要求较高的互连电路中，可并联多个接插件以提高可靠性。

（4）应尽量减少使用接插件的数量。

 思考题

1. 写出电阻色环与数值的对应关系。

2. 以四环表示法为例，说明用色环表示电阻的方法。

3. 用万用表测量电阻的阻值时，应注意哪些问题？

4. 电阻的色环依次为黄、紫、蓝、黄、金，它的阻值和误差各是多少？

5. 什么是热敏电阻？它可分为哪两大类？

6. 贴片电阻有哪些特点？

7. 电容器有哪些主要参数？

8. 如何用万用表判断电容器的断路（大容量）、短路、漏电等故障？

9. 如何用万用表判断半导体二极管的好坏？

10. 稳压二极管具有什么特性？为使稳压管正常工作，稳压管应如何偏置？

11. 在工作中，应如何选用合适的三极管？

12. 试说明热电偶的工作原理。

13. 接插件使用时，应注意哪些问题？

电子电路基础

为了学好本门课程，掌握电子电路的基本知识是非常必要的。本章主要介绍模拟和数字电路中的一些基本电路和集成电路模块，熟悉和掌握这些基本电路和集成电路模块是非常重要的。

2.1 二极管基本应用电路

2.1.1 二极管整流电路

半导体二极管具有单向导电性，常用在整流、钳位、隔离、保护及开关等电路中。下面介绍二极管整流电路。

二极管整流主要分为半波整流和全波整流。

1. 半波整流电路

如图 2.1 所示是一个单相半波整流电路，它由变压器、二极管 VD 及负载电阻 R_L 组成。

设 $u_2=U_{2m}\sin\omega t$，正半波时，a 点为 "+"，b 点为 "-"。此时二极管加正向电压（又称为正向偏置，简称正偏），二极管导通，负载 R_L 中流过电流 i_o，在 R_L 上产生压降 u_o，极性为上 "+" 下 "-"。负半周时二极管截止，负载 R_L 上没有电流流过，R_L 上压降为 0。若忽略二极管的管压降，在负载电阻上的电压即为变压器副边电压，半波整流电路的输入、输出波形如图 2.2 所示。

由图 2.2 所示可以看出，利用二极管的单向导电性可将极性变化的交流电变为单向脉动的直流电。在这里，二极管 VD 起整流作用。

2. 桥式全波整流电路

半波整流电路只有半个周期的正弦电压输出到负载，因此电路效率较低。为了提高整流电路的效率，可将另一半周期的电压也引到负载上，即正、负半周都有电流按同一个方向流过负载，这种方式称为全波整流。如图 2.3（a）所示为一个桥式全波整流电路，其工作原理如下。

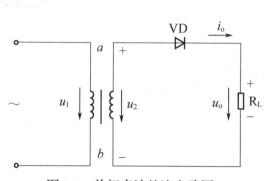

图 2.1 单相半波整流电路图

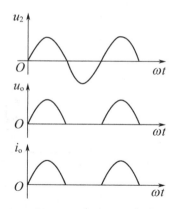

图 2.2 单相半波整流电路的波形图

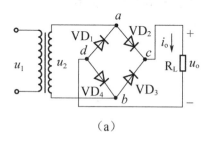

（a）

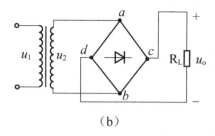

（b）

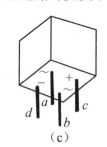

（c）

图 2.3 桥式全波整流电路

① 在电源的正半周，二极管 VD_2、VD_4 正向导通，而 VD_1、VD_3 反向截止，电流沿 a—VD_2—c—R_L—d—VD_4—b 路径流过 R_L，R_L 两端的电压为上正下负。

② 在电源的负半周，二极管 VD_1、VD_3 正向导通，而 VD_2、VD_4 反向截止，电流沿 b—VD_3—c—R_L—d—VD_1—a 路径流过 R_L，R_L 两端的电压仍然为上正下负。

由以上分析可知，当电源电压正、负交替变化时，由于 VD_1、VD_2、VD_3、VD_4 四个二极管的作用，R_L 两端的电压始终不变，这就叫做整流。

桥式全波整流电路的波形如图 2.4 所示。

桥式整流电路的习惯画法如图 2.3（b）所示，因为与电桥的结构类似，所以称做桥式整流电路。如图 2.3（c）所示为市场上常见的产品外形图，引

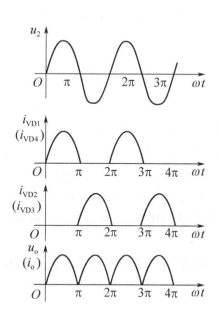

图 2.4 桥式全波整流电路的波形图

线分别与 a、b、c、d 对应。

2.1.2　电容滤波电路

经过整流后的输出电压波形含有很大的脉动分量，距要求的平滑直流输出相差甚远，因此还要加入滤波电路。电容滤波电路是利用电容就器两端的电压不能突变的特点，将电容器和负载电阻并联，以实现使输出电压波形基本平滑的目的。电源设备中滤波电路的作用是抑制所有的交流成分而只保留直流成分。

如图 2.5（a）所示是最简单的电容滤波电路。

空载时电容滤波电路及输入、输出波形如图 2.5（b）所示。此时负载电阻 R_L 未接入。设初始时电容电压为零，在 $t=t_0$ 时接通电源，则 u_2 由负过零后，二极管 VD 导通，u_o 随 u_2 上升（若忽略管压降则 u_o 与 u_2 相同。当 $t=t_1$ 时，u_o 也达到峰值 $\sqrt{2}\,U_2$。此后 u_2 开始下降，但由于此时 VD 处于截止状态，若二极管为理想二极管，即二极管的反向电流和电容 C 的泄漏电流均为零，则 u_o 将保持在 $\sqrt{2}\,U_2$ 的数值，并且输出电压没有纹波。但注意：此时二极管承受的反向峰值电压较高。另外，当二极管在最初导通瞬间，将有很大的瞬时冲击电流流过二极管。因此，要选择大容量的整流管。

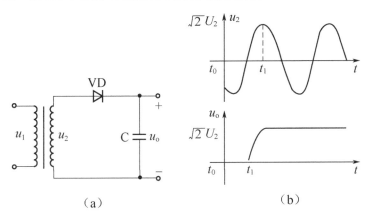

图 2.5　空载时电容滤波电路及输入、输出波形

当有负载接入时，电路的直流输出电压将低于 $\sqrt{2}\,U_2$，并且也将有较小的纹波存在。

2.1.3　二极管限幅电路

在电子电路中，为了防止一些干扰或冲击信号对电子元器件造成损坏，往往会在电路中加入一些保护电路。如图 2.6 所示就是使用二极管两个反向并联的限幅保护电路。

在此电路中，两个反向并联二极管 VD_1、VD_2 是起限幅保护作用，用于限制运算放大器两个输入端之间的最大电压值，使之不超过二极管的正向导通电压。而当放大器工作在线性放大状态时，由于放大器两个输入端的电位相等，两个二极管不起作用。

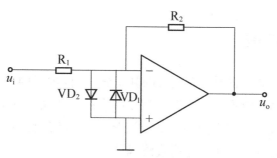

图 2.6　二极管限幅保护电路

2.1.4　发光二极管的应用

发光二极管在正向导通时，可以发出不同颜色的可见光或红外光。利用二极管的这种特性，可构成各种不同的指示器、矩阵显示器及红外发射/接收器等电路，如图 2.7所示。

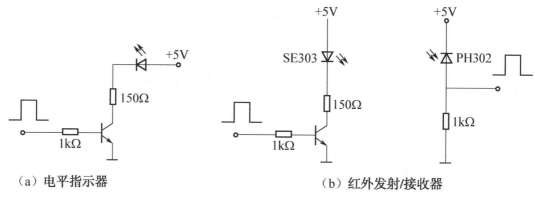

（a）电平指示器　　　　　　　　　（b）红外发射/接收器

图 2.7　发光二极管的应用

2.1.5　稳压二极管稳压电路

当稳压二极管工作在反向击穿区时，流过稳压二极管的电流可以有较大变化，而二极管两端的电压基本上保持不变，利用稳压二极管的这种稳压特性可以构成稳压电路。一个简单的稳压二极管稳压电路如图2.8 所示。

在此电路中，当稳压二极管工作在稳压区，输入电压 u_i 发生波动时，输出 u_o 的电压将会基本上保持不变。

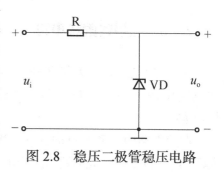

图 2.8　稳压二极管稳压电路

2.2 三极管及其放大电路

2.2.1 三极管各引脚的电流关系

如图 2.9 所示为三极管的一种接法，由于发射极是输入回路和输出回路所共有的，故称为共射极接法。

图 2.9 中各电流关系为

$$i_e = (1+\beta) i_b$$

$$i_c = \beta i_b$$

式中，β 称为共射极电流放大倍数，通常为 20～120，典型值为 60。

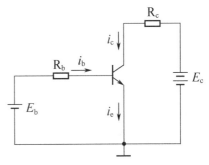

图 2.9 三极管各引脚的电流关系

2.2.2 共射极放大电路

用三极管可构成三种形式的基本放大电路，如图 2.10 所示为共射极放大电路，在此电路中 E_c、R_b、R_c 为三极管提供合适的静态工作点，使其工作在放大状态；C_1、C_2 为隔直电容，它隔离直流并耦合交流信号，经放大的交流信号在 R_L 上输出。

共射电路不仅具有电流放大作用，而且具有电压放大作用，一般用于中间放大级。电压放大倍数一般为 20～80。

图 2.10 共射极放大电路

2.2.3 共集电极放大电路（射极跟随器）

如图 2.11 所示为共集电极放大电路，因为信号从发射极输出，输出电压近似等于输入电压，又称为射极跟随器。

R_b、R_e 与三极管构成放大电路，C_1 与 C_2 为隔直流电容，交流放大信号 u_o 从 R_L 输出。

共集电极放大电路的输出电压近似于输入电压，无电压放大作用，但有电流放大作用。该电路具有较高的输入电阻和较小的输出电阻，一般用于电路的前置放大和末级放大，可驱动较大的负载。

2.2.4 互补推挽功率放大电路

如图 2.12 所示为乙类互补推挽功率放大电路，一般用于功率输出级，直接驱动大功率设备，该电路是由互补对称的 PNP 与 NPN 共集电极放大电路组成的。在输入信号 u_i 的正半周期，NPN 管 VT_1 导通，PNP 管 VT_2 截止，信号 u_i 经 VT_1 流向负载 R_L；在输入

信号 u_i 的负半周期，NPN 管 VT_1 截止，PNP 管 VT_2 导通，信号 u_i 经 VT_2 流向负载 R_L。

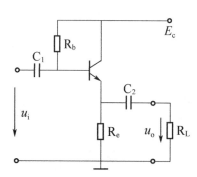

图 2.11　共集电极放大电路

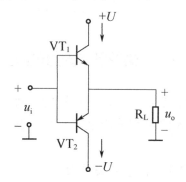

图 2.12　乙类互补推挽功率放大电路

2.3　运算放大器及其应用

2.3.1　运算放大器的内部结构

运算放大器是一个多级、高增益放大电路。其内部结构框图如图 2.13 所示。

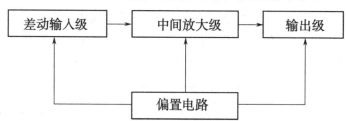

图 2.13　运算放大器的内部结构框图

该结构框图中各部分的功能如下。

（1）差动输入级：使运算放大器具有较高的输入阻抗和共模抑制比，把双端输入转变为单端输出。

（2）中间放大级：中间放大级的主要作用是使放大器获得高的电压增益。

（3）输出级：输出级的作用是为放大器提供足够大的不失真功率增益，使放大器具有较大的不失真输出幅值和输出电流，同时使放大器具有较低的输出电阻。

（4）偏置级：偏置级的作用是为以上各级放大电路提供合适的静态工作点，使各级电路工作在线性放大状态。

2.3.2　运算放大器的主要性能参数

运算放大器的性能参数表明了放大器工作性能的好坏，在使用中应根据电路的要求选择不同的运算放大器。运算放大器的主要性能参数如下。

（1）输入失调电压：输入失调电压定义为使运算放大器输出直流电压为零时，在运算放大器两输入端间所加的补偿电压。输入失调电压主要是由输入级的差动放大器的不匹配造成的。运算放大器的输入失调电压通常在 mV 数量级。

（2）输入失调电流：输入失调电流定义为运算放大器两输入端偏置电流之差。它主要是由输入级差动放大器的差分对管不匹配造成的。运算放大器的输入失调电流通常在 nA 数量级。

（3）差模开环电压增益：差模开环电压增益定义为运算放大器工作在线性放大状态时，其输出电压与运算放大器两输入端之间的电压差之比。运算放大器的开环电压增益通常用 dB（分贝）来表示，通常在 100～140dB 数量级。

（4）共模抑制比：运算放大器的共模抑制比定义为运算放大器差模电压放大倍数与共模电压放大倍数之比。共模抑制比通常也用 dB 来表示，一般在 100～140dB 数量级。

（5）转换速率：运算放大器的转换速率定义为运算放大器在阶跃信号作用下，其输出电压的最大变化率。其单位为 V/μs。

2.3.3　运算放大器的应用

运算放大器是一个多级、高增益放大电路。在多数应用电路中，可以把运算放大器作为理想放大器来应用。理想运算放大器具有如下一些特点：

（1）输入失调电压为零。

（2）输入失调电流为零。

（3）差模开环电压增益趋近∞。

（4）共模抑制比趋近∞。

（5）转换速率趋近∞。

在此情况下，若电路工作在线性放大状态，运算放大器的两输入端之间还具有如下一些特点：

（1）反相端和同相端之间的输入电流为零，称为"虚断（路）"；

（2）反相输入端的电压与同相输入端的电压相等，称为"虚短（路）"。

合理地运用这两个特点，并与节点法结合起来，将使这类电路的分析大为简化。下面举例说明运算放大器的一些基本应用电路。

1．同相比例放大器

如图 2.14 所示电路称为同相比例放大器。下面来推

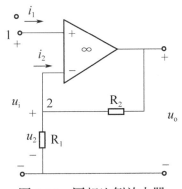

图 2.14　同相比例放大器

导其输出电压 u_o 与输入电压 u_i 之间的关系。

根据特点 1，有 $i_1=i_2=0$，故有

$$u_2 = \frac{u_o R_1}{R_1 + R_2}$$

根据特点 2，有 $u_i=u^+=u^-=u_2$，所以

$$u_i = \frac{u_o R_1}{R_1 + R_2}$$

$$\frac{u_o}{u_i} = 1 + \frac{R_2}{R_1}$$

选择不同的 R_1 和 R_2，可以获得不同的 u_o / u_i 值，而比值一定大于 1，同时输入与输出之间的相位是同相的。

同相比例放大器具有输入阻抗高、输出阻抗低的特点，该电路广泛应用于前置放大级。

2. 反相比例放大器

反相比例放大器电路如图 2.15 所示。

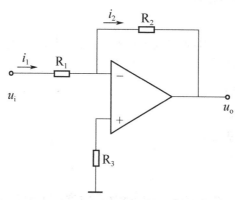

图 2.15　反相比例放大器电路

在此电路中，由于放大器同相输入端的电位为零，由特点 2 可知，其反相输入端的电位也将为零，由此可得

$$i_1 = \frac{u_i}{R_1}$$

由特点 1 可知

$$i_2 = i_1$$

所以

$$\frac{0 - u_o}{R_2} = \frac{u_i}{R_1}$$

$$\frac{u_o}{u_i} = -\frac{R_2}{R_1}$$

反相放大器的输入电压与输出电压之间相位相反，其输入电阻为 R_1，而输出电阻趋近

于零。

3．反相加法器

用运算放大器构成的反相加法器如图 2.16 所示。

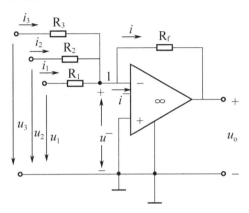

图 2.16　反相加法器

由特点 1，得 $i=i_1+i_2+i_3$，所以

$$\frac{u^- - u_o}{R_f} = \frac{u_1 - u^-}{R_1} + \frac{u_2 - u^-}{R_2} + \frac{u_3 - u^-}{R_3}$$

由特点 2，得 $u^-=0$，所以

$$-\frac{u_o}{R_f} = \frac{u_1}{R_1} + \frac{u_2}{R_2} + \frac{u_3}{R_3}$$

$$u_o = -R_f\left(\frac{u_1}{R_1} + \frac{u_2}{R_2} + \frac{u_3}{R_3}\right)$$

若令 $R_1=R_2=R_3=R_f$，则

$$u_o = -(u_1+u_2+u_3)$$

式中负号说明输出电压和输入电压反相。如直接对节点 1 写节点电压方程（$u_{n1}=0$，$i^-=0$），得

$$-\frac{u_1}{R_1} - \frac{u_2}{R_2} - \frac{u_3}{R_3} - \frac{u_o}{R_f} = 0$$

所得结果将与上面一致。

4．差动放大器

由运算放大器构成的差动放大器如图 2.17 所示。

在此电路中，若输入电压分别为 u_1、u_2，而输出电压为 u_o，则输入与输出之间的关系为

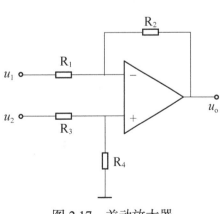

图 2.17　差动放大器

$$u_o = -\frac{R_2}{R_1}u_1 + \left(1+\frac{R_2}{R_1}\right)\left(\frac{R_4}{R_3+R_4}\right)u_2$$

当 $R_1=R_3$，$R_2=R_4$ 时，放大器输入和输出电压之间的关系为

$$\frac{u_o}{u_2-u_1} = \frac{R_2}{R_1}$$

差动放大器可将双端输入的差分信号转换为单端信号，通常用于测量仪器的输入端。

5．反相积分器

由运算放大器构成的反相积分器如图 2.18 所示。

在此积分电路中，输入与输出电压之间的关系为

$$u_o = -\frac{1}{RC}\int_o^t u_i \mathrm{d}t$$

式中，RC 是电路的积分时间常数。图 2.18 中电阻 R_1 的作用是限制积分电路的低频电压增益。

6．反相微分器

由运算放大器构成的反相微分器如图 2.19 所示。

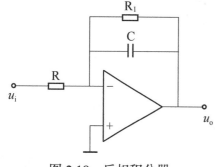

图 2.18　反相积分器

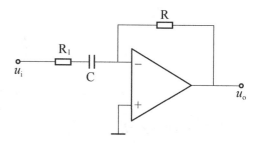

图 2.19　反相微分器

在此微分电路中，其输入与输出电压之间的关系为

$$u_o = -RC\frac{\mathrm{d}u_i}{\mathrm{d}t}$$

式中，RC 是微分器的微分时间常数。

如图 2.19 所示的输入回路中接入一个小电阻 R_1 的作用是为了限制微分电路的高频电压增益。

2.4　二进制数表示方法

我们日常生活中接触最多的是十进制数，下面先来分析一下十进制数的特点。

（1）十进制数是由 0、1、2、3、4、5、6、7、8、9 十个数字符号和小数点组成的。

（2）当我们要表示一个大于 9 的数时，要采用几个数字复合的方式，在这个过程中遵循"逢十进一"的原则。10 是这种计数制的进位基数，如 $125.63=1 \times 10^2+2 \times 10^1+5 \times 10^0+6 \times 10^{-1}+3 \times 10^{-2}$。

同理可知，二进制数由 0、1 两个数字符号组成。二进制数遵循"逢二进一"的原则，2 为基数。如二进制数 $1\,011=1 \times 2^3+1 \times 2^1+1 \times 2^0=11$，也就是十进制中的 11。任意一个十进制数值都可以用相应的二进制数来表示，反之亦然。

2.5 基本逻辑门电路

在数字电路中，门电路是基本的逻辑元件，它的应用极为广泛。由于半导体集成技术的发展，目前数字电路中所使用的各种门电路，几乎都采用集成元件。但是，为了叙述和理解的方便，我们仍然从分立元件门电路讲起。

2.5.1 基本概念

所谓"门"，就是一种开关，在一定的条件下它能允许信号通过；若条件不满足，信号就不能通过。门电路的输入信号与输出信号之间存在一定的逻辑关系，所以门电路又称为逻辑门电路。

逻辑电路只有两种相反的工作状态，即电位（或叫电平）的高和低两种状态，通常可用"1"和"0"来表示这两种状态。门电路输入和输出信号都是用电位（或叫电平）的高低来表示的。若规定高电位为"1"，低电位为"0"，称为正逻辑；若规定低电位为"1"，高电位为"0"，则称为负逻辑。分析一个逻辑电路时，首先要弄清是正逻辑还是负逻辑。本书中，默认均采用正逻辑。

2.5.2 基本门电路

最基本的逻辑门电路有三种，即"与"逻辑门、"或"逻辑门和"非"逻辑门。下面分别介绍。

1."与"门电路

所谓"与"逻辑，即当某一事件发生的条件全部满足后，此事件才发生。满足这种逻辑关系的电路称为"与"门电路。例如，用两个开关串联来控制一盏电灯，如图 2.20（a）所示。当开关 A 与 B 同时接通时，电灯 F 才亮。只要有一个开关断开，电灯 F 就不亮。在这里，开关全部接通是灯亮的条件。因此，称开关 A 与 B 对电灯 F 的关系为"与"关系。由这两个开关串联控制灯泡的电路就是一个"与"门逻辑电路。这里，A、B 的开与关是与门的输入信号，F 的亮与不亮是与门的输出信号。下面分析二极管组成的与门电路，其电路图和逻辑符号分别如图 2.20（b）、图 2.20（c）所示。

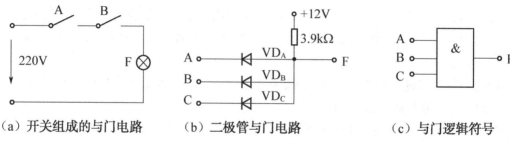

（a）开关组成的与门电路 　　（b）二极管与门电路 　　（c）与门逻辑符号

图2.20　与门电路和逻辑符号

如图 2.20（b）所示逻辑电路为正逻辑，规定高电位（1 态）为+5V，低电平（0 态）为 0V。下面分两种情况进行讨论。

（1）当输入端 A、B、C 全为"1"，即均为+5V 高电平时，二极管 VD_A、VD_B、VD_C 均加正向电压，3 个二极管都导通。若忽略二极管导通时的管压降（这里一般采用锗管，其正向压降只有 0.3V），则输出端的电位约为 5.3V，输出高电平。也就是说当 A=B=C=1 时，F=1。

（2）当输入端 A、B、C 中有一个或两个以上为"0"时，设 A=0，B=1，C=1。此时 VD_A 将优先导通，电源正端将经过电阻向处于"0"态的 A 端流通电流。输出端的电位将被二极管钳制在 0V 左右，即 F=0。二极管 VD_B、VD_C 则因承受反向电压而截止。

当输入端 A、B、C 都为"0"态时，3 个二极管将都导通，而 $V_F \approx 0$，即 F=0。

由以上讨论可知对于二极管与门电路，只有当输入端全为"1"时，输出端 F 才为"1"，这满足"与"逻辑的关系。此关系可写成下面的表达式：

$$F=A \cdot B \cdot C$$

在上述电路中有三个输入端，输入信号有"1"和"0"两种状态，共八种组合，即输入端可能有八种情况。把这八种输入端的情况及相应的输出端的情况列出一个表格（见表 2.1），就称为真值表。此表列出了该电路所有可能的逻辑关系。

表 2.1　与门电路真值表

A	B	C	F
0	0	0	0
0	0	1	0
0	1	0	0
0	1	1	0
1	0	0	0
1	0	1	0
1	1	0	0
1	1	1	1

上述与门电路是由二极管组成的，它还可以由晶体管、场效应管组成。现代电子技

术的发展已使与门电路集成化，制造出集成与门电路。例如，74LS08、74HC08 等都是集成与门电路，不论哪一种，其功能都是相同的。在逻辑电路中统一用如图 2.20（c）所示符号表示。

【例 2.1】 与门的输入端 A 为一串方波信号，如图 2.21（a）所示。试画出当输入端 B=0 及 B=1 时，输出端 F 的波形。

解： 当 B=0 时，不论 A 端的状态如何，输出端 F 为 0，如图 2.21（b）所示。

当 B=1 时，输出端 F 的波形即为输入端 A 的波形，如图 2.21（c）所示。

由此例子可得出结论：

● 当 B=0 时，与门关闭，A 端信号被封锁；

● 当 B=1 时，与门打开，A 端信号通过。

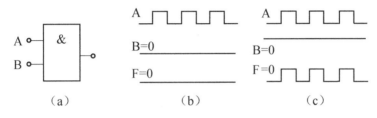

（a） （b） （c）

图 2.21 例 2.1 输入/输出信号波形图

2. "或" 门电路

所谓 "或" 逻辑，是指只要满足所有条件之中的一个条件，事件就能发生的逻辑关系。具有这种功能的电路称为 "或" 门电路。如图 2.22（a）所示电路中，开关 A、B 是并联的，当开关 A、B 中有一个接通，灯就亮。因此，开关中至少要有一个接通是灯亮的条件。开关 A、B 对电灯 F 的这种逻辑关系就是 "或" 逻辑关系。如图 2.22（b）所示电路是由二极管组成的或门电路，下面来分析其逻辑关系。

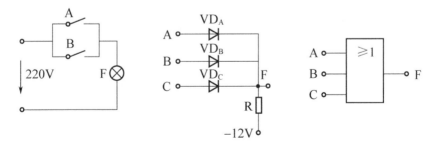

（a）开关组成的或门电路 （b）二极管或门电路 （c）或门逻辑符号

图 2.22 或门电路和逻辑符号

（1）当 $V_A=V_B=V_C=0V$ 时，即 A=B=C=0，VD_A、VD_B、VD_C 都导通，则 $V_F=0$，即 F=0。

（2）当输入端 A、B、C 中有一个或两个为高电平，设 $V_A=+5V$，$V_B=V_C=0$，即

A=1，B=C=0，VD_A优先导通，使 F 点电位 $V_F \approx 0$，即 F=1，VD_B、VD_C 因承受反向电压而截止。

（3）当 $V_A=V_B=V_C=$ +5V 时，即 A=B=C=1，3 个二极管都导通，$V_F=$ +5V，即 F=1。

由以上分析可知，输入端只要有一个高电平，其输出就为高电平；当输入端全为低电平时，输出才是低电平。因此或门的逻辑关系为

$$F=A+B+C$$

或门电路真值表见表2.2。其功能为：全"0"出"0"，有"1"出"1"。

表 2.2   或门电路真值表

A	B	C	F
0	0	0	0
0	0	1	1
0	1	0	1
0	1	1	1
1	0	0	1
1	0	1	1
1	1	0	1
1	1	1	1

同与门电路一样，或门电路目前也普遍应用集成电路，其逻辑功能与分立元件或门电路相同，在逻辑电路中都用图 2.22（c）所示的符号表示。

3．非门电路

所谓"非"逻辑，即相反的意思。在如图 2.23（a）所示电路中，当开关 A 闭合时，灯不亮；当开关断开时，灯亮。因此开关 A 和电灯 F 之间的逻辑关系相反。如图 2.23（b）所示电路是由晶体管构成的非门电路。非门电路的输入端只有一个，其输出和输入状态总是相反，当输入端 A=1 时（设其电位为+5V），使晶体管处于饱和状态，其集电极电位近似为 0V（晶体管饱和压降 U_{CES}=0.3V），即 $V_F \approx 0$ V，F=0；当 A=0 时，即 V_A=0V，晶体管在负电源的作用下，使发射结反偏，晶体管截止。此时集电极电位 $V_C=V_F \approx$ +5V（晶体管截止时，F 点的电位被钳制在 +5V），即 F=1。由此可见，其输出和输入状态相反，符合非逻辑。非门电路真值表见表2.3。

表 2.3   非门电路真值表

A	F
1	0
0	1

非门电路可由分立元件构成，亦有集成非门电路，目前常用的非门集成电路有 74LS04、74HC04 等。在逻辑电路中均用如图 2.23 所示的逻辑符号表示。

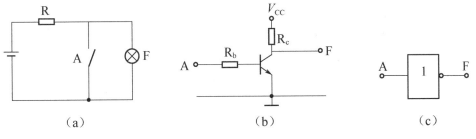

图 2.23 非门电路和逻辑符号

2.5.3 其他常用门电路

1. 与非门电路

在实际工作中，经常是将与门、或门及与非门联合使用，组成与非门、或非门等其他门电路，以丰富逻辑功能，满足实际需要。将与门放在前面，非门放在后面，两个门串联起来就构成了与非门电路，其逻辑电路示意图和逻辑符号如图 2.24 所示。

图 2.24 与非门电路

由此可知，与非门电路的逻辑功能是先与后非，其逻辑表达式为

$$F = \overline{A \cdot B \cdot C}$$

与非门电路真值表见表 2.4。由真值表可以看出，与非门电路功能为：有"0"出"1"，全"1"出"0"。

表 2.4 与非门电路真值表

A	B	C	F
0	0	0	1
0	0	1	1
0	1	0	1
0	1	1	1
1	0	0	1
1	0	1	1
1	1	0	1
1	1	1	0

目前常用的与非门集成电路有 TTL 与非门电路和 CMOS 与非门电路两大类。所谓 TTL 与非门电路，是指内部的与门和非门电路是由晶体管组成的；CMOS 与非门电路内

部电路则是由场效应管组成。

74LS00 集成与非门引脚排列如图 2.25 所示。74LS00 包括四个相同的与非门，每个与非门具有两个输入端，使用起来很方便。

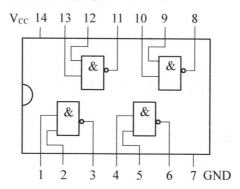

图 2.25　74LS00 集成与非门引脚排列

2.5.4　TTL 门的主要参数及使用规则

1．TTL 门电路的主要参数

（1）静态功耗：TTL 门电路在静态空载时，电源总电流与电源电压的乘积。

（2）输出高电平：TTL 门电路输出为逻辑 1 时的输出电平值，通常应大于 3.5V。

（3）输出低电平：TTL 门电路输出为逻辑 0 时的输出电平值，通常应小于 0.4V。

（4）扇出系数：TTL 门电路输出能够驱动同类门的能力。

（5）传输延迟时间：当 TTL 非门的输入端由逻辑 0 变为逻辑 1 时，非门的输出端将经过一段时间后，才会由逻辑 1 变为逻辑 0。即把 TTL 门输入端信号的变化传递到输出端需要一定的时间，这个时间就叫做传输延迟时间。

2．TTL 门使用规则

（1）电源电压：TTL 门电路的电源电压应在+5V ±10 %的范围内。

（2）输出端的连接：除集电极开路门（OC）和三态门外，TTL 门电路的输出端不允许线与。

（3）输入端的连接：为了减小干扰，TTL 门电路多余的输入端通常不能悬空。与门、与非门电路的多余输入端可直接接电源电压；而或门、或非门电路的多余输入端则应直接接地。

【例 2.2】　有一个三输入端的与非门如图 2.26（a）所示，如果只使用两个输入端，不用的输入端应如何处理？

解： 与非门多余输入端处理的原则是不影响与非门的逻辑功能。

如图 2.26（b）所示为与非门多余输入端的三种处理方法，设逻辑 C 端为多余端。当

C=0 时，不论 A、B 的输入端的状态如何，与非门的输出总为 1，不能反映 F 与 A、B 之间的与非逻辑关系。当 C=1 时，与非门的输出 F 和输入信号 A、B 符合"与非"的逻辑关系。例如，A=B=1，F=0；A=0，B=1，F=1。因此多余端可接高电平。

多余端也可与使用端相连，变为二输入端与非门。

第三个办法是把多余端悬空，悬空相当于接高电平。但多余端悬空会引入干扰，所以一般应采用前面两种处理方法。

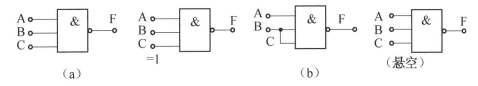

图 2.26 与非门多余输入端的处理

2.5.5 CMOS 门的主要参数及使用规则

1．CMOS 门的主要参数

（1）电源电压：CMOS 门的电源电压的范围比较宽，通常在+5V～+15V 的范围内都能正常工作。

（2）静态功耗：在静态情况下，CMOS 门电路的功耗约在皮瓦至微瓦数量级。

（3）输出高电平：CMOS 门电路输出高电平的电压接近于电源电压。

（4）输出低电平：CMOS 门电路输出低电平的电压值接近于 0V。

（5）扇出系数：由于 CMOS 门电路具有极高的输入阻抗，通常 CMOS 门电路的扇出系数要远远大于 TTL 门电路。

（6）传输延迟时间：CMOS 门电路的传输延迟时间略长于 TTL 门电路的传输延迟时间。

2．CMOS 门电路的使用规则

（1）电源电压：CMOS 门的电源电压的范围比较宽，但使用时不要把电源接反。

（2）输出端的连接：除三态门外，CMOS 门电路的输出端不允许线与。

（3）输入端的连接：CMOS 门电路的多余输入端不允许悬空，多余输入端应按逻辑要求直接接电源或接地。

2.6 常用组合逻辑器件及其应用

2.6.1 基本概念

根据集成度的大小，集成电路分为 SSI、MSI、LSI 和 VLSI 四种，目前在数字系统中广泛采用 LSI 及 MSI，辅以一些 SSI。采用以 LSI、MSI 器件为基础的数字系统的设计具有可靠性高、所需集成器件数量少、性价比高等优点。

目前 LSI 及 MSI 产品主要有两大系列：TTL 逻辑系列和 MOS 逻辑系列（ECL 系列仅在少数超高速电路中应用）。通常，TTL 系列应用得较广泛。目前随着 MOS 工艺的发展，其器件速度也已逐步赶上 TTL 系列，而且由于它功耗低、价格低，现在也很受欢迎。从逻辑设计的方法上来看，应用哪一系列并无大的差别，本节将以 MSI、TTL 器件为例，讨论它的逻辑特性及应用。

2.6.2 门电路构成的时钟发生器

时钟信号在数字电路中得到了广泛的应用。利用反相器或与非门可以比较方便地构成各种不同频率的时钟信号发生器。由反向器构成的时钟发生器如图 2.27 所示。

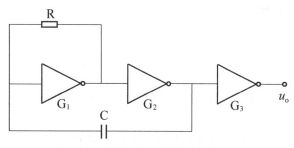

图 2.27 反向器构成的时钟发生器

在此电路中，电阻 R 的作用是使反向器 G_1 在静态时工作在电压传输特性的转折区。下面简述其工作原理。

若在电源接通的瞬间，非门 G_2 的输出为 0，此时电容 C 的电压为 0，所以 G_1 的输入为 0，G_1 的输出必为 1，此时电路的状态为第一暂稳态。随着时间推移，电容 C 将被充电，从而使 G_1 输入端的电位逐渐升高，当该电位达到 G_1 的阈值电压时，G_1 的输出将由 1 变为 0；而 G_2 的输出将由 0 变为 1，此时电路的状态为第二暂稳态。在第二暂稳态时，电容 C 又将开始放电，从而使 G_1 输入端的电位逐渐降低，当该电位低于 G_1 的阈值电压时，电路又将变为第一暂稳态。如此，电路将不停地在两个暂稳态之间往复振荡。信号经 G_3 整形后输出。调节 R 和 C 的值，可改变振荡器的输出频率。

在需要高精度、高稳定度的场合，可采用如图 2.28 所示电路。该电路的输出频率由石英晶体的固有频率决定。

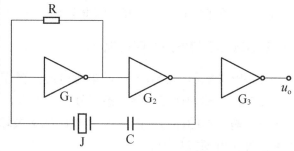

图 2.28 由石英晶体构成的振荡器

2.6.3 译码器（Decoder）

译码器是计算机及其他数字系统中使用最广泛的一种多输入、多输出的逻辑器件，它把输入代码转换成不同的输出代码。输入代码的位数少于输出代码，并且输入代码字与输出代码字是一对一的映射，即不同的输入编码字产生不同的输出编码字。译码器的一般结构如图 2.29 所示，图中使能端（或称允许端）的作用是：当且仅当使能输入全部有效时，译码器才能正确地执行映射；否则译码器输出为无效。译码器的种类很多，最常见的译码器有二进制译码器和显示译码器两种，下面分别介绍它们的工作原理。

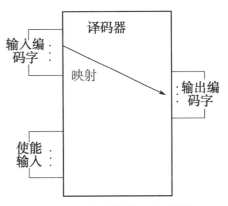

图 2.29　译码器的一般结构

1．二进制译码器原理

二进制译码器，又称为 $n/2^n$ 译码器，是一种最常用的译码器。二进制译码器的输入为 n 位二进制数，其输出端为 2^n 个，译码器的每个输出端仅与输入端的一种组合相对应。

2/4 译码器的逻辑图和逻辑符号如图 2.30 所示，其中 A、B 为二进制数码输入端信号，$\overline{Y}_3$、$\overline{Y}_2$、$\overline{Y}_1$、$\overline{Y}_0$ 为输出端信号，$\overline{G}$ 为使能输入端信号，低电平有效。当 $\overline{G}=1$ 时，译码器的输出全部为 1，为无效状态；当 $\overline{G}=0$ 时，对于输入 A、B 的任一组合，其相应的输出端变为有效（输出为 0）。2/4 译码器的真值表见表 2.5。

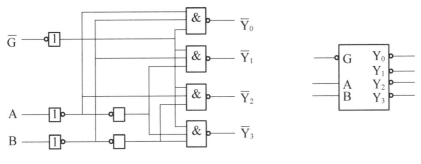

（a）逻辑图　　　　　　　　　　　　（b）逻辑符号

图 2.30　2/4 译码器的逻辑图和逻辑符号

表 2.5　2/4 译码器真值表

输　入			输　出			
$\overline{G}$	B	A	$\overline{Y}_3$	$\overline{Y}_2$	$\overline{Y}_1$	$\overline{Y}_0$
1	×	×	1	1	1	1
0	0	0	1	1	1	0
0	0	1	1	1	0	1
0	1	0	1	0	1	1
0	1	1	0	1	1	1

2. MSI 译码器

（1）双 2/4 译码器 74LSl39。双 2/4 译码器是在一片器件内封装了两个完全独立且结构相同的二进制 2/4 译码器。其逻辑图、真值表及逻辑符号与上面介绍的 2/4 译码器完全相同。从真值表及逻辑符号上可以看出，使能端 G_1、G_2 为低电平有效，输出端也为低电平有效。

 注意

真值表表示的是逻辑符号框外的外部逻辑关系，是用正逻辑表示的。在一些手册中常用高、低电平表示输入、输出的关系，有时又称为功能表。

（2）3/8 译码器 74LSl38。74LSl38 是常用的一种 MSI 器件，它的逻辑图、逻辑符号如图 2.31 所示，真值表见表 2.6，输出信号为低电平有效。它有三个使能输入端（G_1、$\overline{G_{2A}}$ 、$\overline{G_{2B}}$ ），只有在三个使能输入全部有效时，输出才有效。

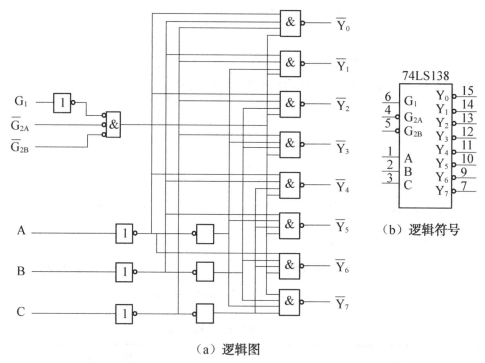

（a）逻辑图

图 2.31   74LSl38（3/8 译码器）的逻辑图和逻辑符号

74LSl38 的内部功能可用逻辑表达式描述如下。

3/8 线译码器设置了三个使能端，当 $G_1=1$，$\overline{G_{2A}}$ 、$\overline{G_{2B}}$ 均为 0 时，译码器处于工作状态；当 $G_1=0$，或 $\overline{G_{2A}}$ 、$\overline{G_{2B}}$ 中有一个为 1 时，译码器禁止工作。

译码器处于工作状态时，C、B、A 可看做是一个 3 位二进制数，A 为最低位。这个二进制数是几，则第几位输出为 0，其余输出均为 1。

表 2.6 74LSI38 真值表

输	入					输	出						
G_1	$\overline{G_{2A}}$	$\overline{G_{2B}}$	C	B	A	$\overline{Y_7}$	$\overline{Y_6}$	$\overline{Y_5}$	$\overline{Y_4}$	$\overline{Y_3}$	$\overline{Y_2}$	$\overline{Y_1}$	$\overline{Y_0}$
0	×	×	×	×	×	1	1	1	1	1	1	1	1
×	1	×	×	×	×	1	1	1	1	1	1	1	1
×	×	1	×	×	×	1	1	1	1	1	1	1	1
1	0	0	0	0	0	1	1	1	1	1	1	1	0
1	0	0	0	0	1	1	1	1	1	1	1	0	1
1	0	0	0	1	0	1	1	1	1	1	0	1	1
1	0	0	0	1	1	1	1	1	1	0	1	1	1
1	0	0	1	0	0	1	1	1	0	1	1	1	1
1	0	0	1	0	1	1	1	0	1	1	1	1	1
1	0	0	1	1	0	1	0	1	1	1	1	1	1
1	0	0	1	1	1	0	1	1	1	1	1	1	1

例如，当外加使能输入 G_1=1，$\overline{G_{2A}} = \overline{G_{2B}} = 0$，且 C=1，B=0，A=1 时（101），二进制数是 5，则 $\overline{Y_5}$ 为 0，其余输出均为 1。

（3）BCD 译码器 74LS49。74LS49 是常用的一种 BCD 码 MSI 器件，它的输入编码为 4 位 BCD 码，输出为 7 位编码字。与二进制译码器不同的是，它的输出编码字中不是仅有一位为 1（或 0），而是按照输入的 BCD 码编码字使对应的某些输出端为 1，以驱动发光二极管（LED）或液晶显示器件（LCD）显示 1 位十进制数。

由七段组成的 1 位十进制数的显示器件叫做七段显示器，其结构如图 2.32 所示。适当地驱动 a、b、c、d、e、f、g 中某些段发光，可分别显示 0~9 的十进制数。大多数现代的七段显示器件都可以由七段译码器 74LS49 直接驱动，74LS49 的逻辑图、逻辑符号如图 2.33 所示，真值表见表 2.7。B_1 端是禁止显示控制端，它是低电平有效。当 B_1 端加上适当频率的方波时，可以使七段显示器件显示的数字闪烁到人眼能接受的程度，从而在大量使用 LED 的设备中减少 LED 电流的平均值。当然，显示的亮度会减弱。

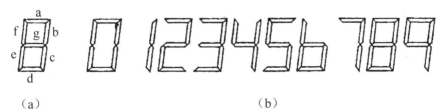

（a）　　　　　　　　　　　　（b）

图 2.32 七段显示器

表 2.7　74LS49 真值表

输　入					输　出						
B_1	D	C	B	A	a	b	c	d	e	f	g
0	×	×	×	×	0	0	0	0	0	0	0
1	0	0	0	0	1	1	1	1	1	1	0
1	0	0	0	1	0	1	1	0	0	0	0
1	0	0	1	0	1	1	0	1	1	0	1
1	0	0	1	1	1	1	1	1	0	0	1
1	0	1	0	0	0	1	1	0	0	1	1
1	0	1	0	1	1	0	1	1	0	1	1
1	0	1	1	0	0	0	1	1	1	1	1
1	0	1	1	1	1	1	1	0	0	0	0
1	1	0	0	0	1	1	1	1	1	1	1
1	1	0	0	1	1	1	1	0	0	1	1
1	1	0	1	0	0	0	0	1	1	0	1
1	1	0	1	1	0	0	1	1	0	0	1
1	1	1	0	0	0	1	0	0	0	1	1
1	1	1	0	1	1	0	0	1	0	1	1
1	1	1	1	0	0	0	0	1	1	1	1
1	1	1	1	1	0	0	0	0	0	0	0

2.6.4　多路选择器

数字系统中往往有许多路信号,要求选择其中某一路信号送到输出通道中去。如图 2.34 所示是利用一个多路选择开关,把 A、B、C、D 四条信号线中任意一条按需要和输出通道 F 接通。

如果用组合逻辑电路来完成这一工作,则可采用多路选择器（Multiplexer,简称 MUX）。一个四选一多路选择器方框图如图 2.35 所示。它有四个输入信号 A、B、C、D,称为数据信号;两个选择信号 S_1、S_0 用于决定哪根输入线与输出线相连接; E 为使能输入端。例如,当 E 被使能,$S_1=0$,$S_0=1$ 时,则 F=B。其余以此类推。

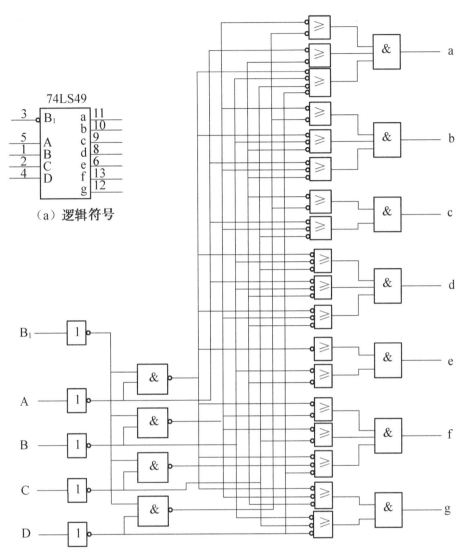

（b）逻辑图

图 2.33　74LS49 的逻辑图、逻辑符号

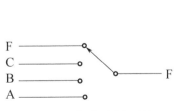

图 2.34　多路选择开关

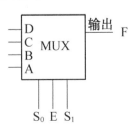

图 2.35　多路选择器

2.7 集成触发器

2.7.1 基本概念

在数字系统中不但需要进行算术运算和逻辑运算，而且经常需要保存待计算的值和运算结果，因此就需要具有记忆功能的基本单元电路。通常把能够存储 1 位二进制数值的基本单元称为触发器。触发器是数字电路的基本单元电路，它具有两个稳定状态，即 0 态和 1 态。在输入不变的情况下，它可以长期保持原来的状态。而在适当输入信号作用下，触发器可以从一种状态翻转到另一种状态，并在输入信号消失后，能把新输入的状态保存下来。因此，用一个触发器就可以寄存 1 位二进制数。

数字电路分为两大类：组合逻辑电路和时序逻辑电路。

组合逻辑电路的输出仅由其当时的输入信号的组合状态决定，而与电路原来的状态无关，因此它不具有记忆的功能。时序逻辑电路是由组合电路和具有记忆功能的存储器组成的，因此时序逻辑电路的输出不仅取决于电路当时的输入状态，还与电路的历史状态有关。触发器是时序逻辑电路的基本电路单元，它是在门电路的基础上引入适当的反馈而构成的。触发器是时序逻辑电路中的一个最基本的组件，因此要求能够较好地掌握它们的工作原理和功能。

描述触发器逻辑性能的方法大致有四种，即状态转换表、特性方程、状态转换图和激励表。它们都可表示触发器的次态与它的输入以及现态之间的逻辑关系。触发器的现态和次态通常以 CP 脉冲的跳变沿为分界点。CP 的跳变方式有两种：一种为正跳变，用↑表示；另一种为负跳变，用↓表示。对于正跳沿触发的触发器，将 CP 脉冲正跳沿之前触发器的状态定义为现态，而将 CP 脉冲正跳沿之后触发器的状态定义为次态。

触发器的特性方程是用逻辑函数表达式的形式来描述触发器次态与输入信号及现态之间的逻辑关系。有些触发器的特性方程引入了约束条件，这些约束条件是为了避免触发器出现不定状态，所以对输入信号提出了要求。状态转换表是采用真值表的方法来描述触发器次态与输入信号及现态之间的逻辑关系。此外还有状态转换图和激励表描述法，这些方法都描述了触发器的固有特征，所以它们之间是可以相互转换的。例如，已知状态转换表就可推导出其特性方程。

下面介绍两种最常见触发器的结构、逻辑功能和特点。

2.7.2 D 触发器

D 触发器逻辑符号如图 2.36 所示。其状态转换表见表 2.8。

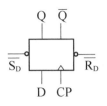

图 2.36　D 触发器逻辑符号

表 2.8　D 触发器状态转换表

$\overline{S_D}$	$\overline{R_D}$	CP	D_n	Q_{n+1}
0	1	×	×	1
1	0	×	×	0
1	1	↑	0	0
1	1	↑	1	1

D 触发器的特性方程为

$$\overline{S_D} = \overline{R_D} = 1时，\quad Q_{n+1}=D_n$$

上面介绍的 D 触发器三种功能描述方法都说明：当 CP 发生正跳变后，触发器的次态 Q_{n+1} 等于 CP 发生正跳变前 D 的值。这种触发器在数字系统中常用做数据存储。

2.7.3　JK 触发器

JK 触发器的逻辑符号如图 2.37 所示。其状态转换表见表 2.9。

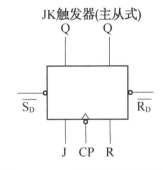

图 2.37　JK 触发器逻辑符号

表 2.9　JK 触发器状态转换表

$\overline{S_D}$	$\overline{R_D}$	CP	J_n	K_n	Q_{n+1}
0	1	×	×	×	1
1	0	×	×	×	0
1	1	↓	0	0	Q_n
1	1	↓	0	1	0
1	1	↓	1	0	1
1	1	↓	1	1	$\overline{Q_n}$

JK 触发器特性方程为

$$\overline{S_D} = \overline{R_D} = 1时 \quad Q_{n+1} = J_n\overline{Q_n} + \overline{K_n}Q_n$$

2.8　计数器（CTR）时序逻辑电路

1. 概述

计数器是典型的时序逻辑电路。它可用来累加、记录脉冲输入的个数。计数是数字系统中非常重要的基本操作，所以计数器是应用最广泛的逻辑部件之一。计数器可分为同步计数器和异步计数器两大类。在同步计数器电路中，所有触发器的 CP 端都与同一个时钟相连接，所有触发器在同一个时钟作用下同步工作。在异步计数器电路中，所有触发器并不在同一个时钟作用下同步工作，因此它们的状态更新可能有先有后，不是同步的。

此外，计数器还可分为加法计数器和减法计数器。其中，计数随计数脉冲的输入而递增的称为加计数器；递减的称为减计数器；既可递增，又可递减的称为可逆计数器。计数器常从零开始计数，所以应具有"置零（清零）"的功能。通常计数器还有"预置数"的功能，通过预置数据于计数器中，可以使计数从任意数值开始。计数器按计数长度（循环长度、模）可分为二进制、十进制和 N 进制（任意进制）计数器，即二分频、十分频和 N 分频计数器。

2. 74LS192 同步十进制可逆计数器（双时钟、可预置）

74LS192 的逻辑符号、外引线排列图如图 2.38 所示，其功能表见表 2.10。

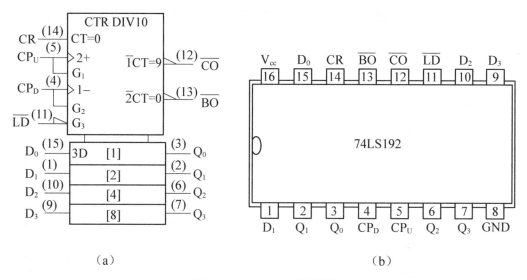

（a）　　　　　　　　　　　　　　（b）

图 2.38　74LS192 计数器

逻辑符号中的 CTR 表示是计数器，而 DIV10 表示是十分频，即 CTR DIV10 表示是十进制计数器。逻辑符号上半部分是公共控制框，下半部分四个单元框表示四个触发器，分别构成二-十进制的 1 位二进制数。[1]、[2]、[4]、[8]依次是它们的权。清除端 CR 为高时，内容 CT=0，即 Q_0、Q_1、Q_2、Q_3 全为 0。这叫做计数器直接清零，或称为异步清零。执行其他功能时，CR 必须为低。置入控制端 LD 为低时，数据直接从数据输入端 D_0、D_1、D_2、D_3 输入，置数也是异步的。计数时，LD 必须为高。进行加法计数时，时钟信号由加计数时钟输入端 CP_U 输入，脉冲的上升沿有效，同时减法计数时钟输入端 CP_D 必须接高电平。同理，当进行减法计数时，加计数时钟输入端 CP_U 应为高电平，时钟脉冲由 CP_D 送入，上升沿有效。这种加计数输入端 CP_U 与减计数输入端 CP_D 分开的计数器称为双时钟型可逆计数器。

表 2.10 74LS192 功能表

输 入								输 出				功 能
DR	$\overline{LD}$	CP_U	CP_D	D_3	D_2	D_1	D_0	Q_3	Q_2	Q_1	Q_0	
1	×	×	×	×	×	×	×	0	0	0	0	异步清零
0	0	×	×	D_3	D_2	D_1	D_0	D_3	D_2	D_1	D_0	异步置数
0	1	1	↑	×	×	×	×	加法计数（十进制）				计数
0	1	↑	1	×	×	×	×	减法计数（十进制）				

当加计数端 CP_U 为低电平时，如计数器内容为 9（CT=9），则进位输出端 $\overline{CO}$ 为低电平；其余情况下，$\overline{CO}$ 均为高电平。因此，在加计数过程中，由 9 到 0 时，$\overline{CO}$ 输出一个上升沿，可用做进位信号。同理，减计数时，由 0 变到 9，借位输出端 $\overline{BO}$ 输出一个上升沿，可作为借位信号。

CMOS 可预置数同步十进制可逆计数器 CC40192 是由 TTL 的 74LS192 移植过来的，其外引线排列图和逻辑功能均完全相同，但电源应按 CMOS 选定，V_{DD} 与 V_{CC} 相对应，V_{SS} 与 GND 相对应。

2.9 半导体存储器

随着电子技术和计算机技术的飞速发展，半导体存储器得到了广泛的应用。半导体存储器可分为两大类：只读存储器（ROM，Read Only Memory）和随机存取存储器（RAM，Random Access Memory）。

2.9.1 只读存储器（ROM）

ROM 的特点是在信息存入以后，不能随时更改，在使用时，只能读出所存的信息。切断电源后，ROM 中所存的信息不会消失。因此，在数字系统和计算机中常用它来存放一些固定不变的信息，如数表和固定程序等。

ROM 的种类很多，按存入信息的方式可分为固定 ROM、可编程 ROM（PROM，Programmable ROM）、可擦除可编程 ROM（EPROM，Erasable Programmable ROM）和可电擦除可编程 ROM（EEPROM）等。固定 ROM 的存储内容在出厂时就已经完全固定下来；PROM 中的内容可由用户根据自己的需要写入，但只能写入一次，一经写入就无法修改；EPROM 使用较为灵活，其中存储的内容不仅可由用户根据需要写入，而且还能擦去重写，但是在正常工作时，仍仅限于读出。

1. ROM 的工作原理及构成

ROM 的结构和原理如图 2.39 所示。图 2.39（a）中每个横格代表一个存储单元，每个存储单元存放着由若干位二进制代码组成的信息，通常称为"字"（Word）；为了读取不同的存储单元中所存储的字，应将各单元进行编号，通常称为"地址"（Address）。给定一组地址码，就能在存储器的输出端读出与地址对应的存储单元中的内容——字，即"地址码"与"输出"有固定的对应关系。由此可见，ROM 的电路结构应包含地址译码器和存储矩阵。为了便于与系统总线直接相连，ROM 电路还具有输出缓冲器，如图 2.39（b）所示。

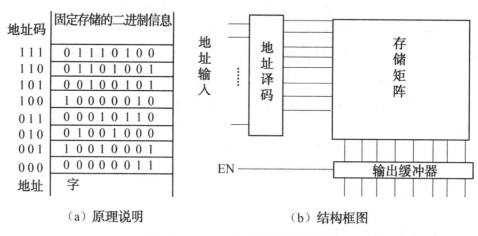

（a）原理说明　　　　　　　　（b）结构框图

图 2.39　ROM 的原理及结构框图

2. EPROM

下面结合 EPROM 只读存储器 2764 芯片来说明它的应用。只读存储器 2764 采用 28 脚双列直插式封装，芯片上方中央开有一个透明的石英玻璃窗口，以便于紫外线擦除不需要的信息，经擦除后的芯片又可重新写入。

（1）结构及引脚。2764 是美国 Intel 公司采用高速 N 沟道硅栅工艺（即 HMOS-E 工艺）生产的 8KB×8 位 EPROM。它的结构框图如图 2.40（a）所示。图中 $A_0 \sim A_{12}$ 为地址信号输入端，$O_0 \sim O_7$ 为数据输出端，$\overline{CE}$ 为片选使能控制端，$\overline{OE}$ 为输出使能控制端，$\overline{PGM}$ 为编程控制端。所有输入、输出信号电平与 TTL 电平兼容。如图 2.40（b）所示为其引脚图。

2764 的一个重要特点是片选使能控制端（$\overline{CE}$）与输出使能控制端（$\overline{OE}$）分别控制，这为使用带来了方便。在多路复用总线结构的数字系统和计算机控制系统中，用 $\overline{OE}$ 控制信号，可切断芯片输出与总线之间的联系，为存储容量的扩展提供了方便。

2764 的片选使能控制端（$\overline{CE}$）既作为片选信号，又作为功耗控制信号。在 $\overline{CE}$ 端加高电平信号，可使其工作电流由 100mA 降至 40mA，有效地降低器件的功耗，而不增加读出时间。它的最长读取时间为 250ns。

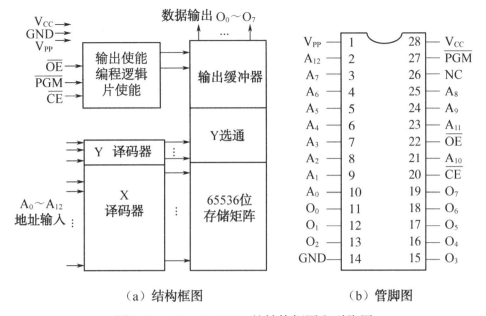

（a）结构框图　　　　　　　　　　（b）管脚图

图 2.40　EPROM 2764 的结构框图和引脚图

（2）工作方式。2764 有八种工作方式，见表 2.11。

表 2.11　2 764 的工作方式

引脚 工作方式	$\overline{CE}$ （20）	$\overline{OE}$ （22）	$\overline{PGM}$ （27）	A_9 （24）	V_{PP} （1）	V_{CC} （28）	输出 （11～13） （15～19）
读　出	V_{IL}	V_{IL}	V_{IH}	×	V_{CC}	V_{CC}	D_{OUT}
禁止输出	V_{IL}	V_{IH}	V_{IH}	×	V_{CC}	V_{CC}	高阻
待　机	V_{IH}	×	×	×	V_{CC}	V_{CC}	高阻
编　程	V_{IL}	V_{IH}	V_{IL}	×	V_{PP}	V_{CC}	D_{IN}
编程检验	V_{IL}	V_{IL}	V_{IH}	×	V_{PP}	V_{CC}	D_{OUT}
禁止编程	V_{IL}	×	×	×	V_{PP}	V_{CC}	高阻
智能标识	V_{IL}	V_{IL}	V_{IH}	V_{IH}	V_{CC}	V_{CC}	编码
智能编程	V_{IL}	V_{IH}	V_{IL}	×	V_{PP}	V_{CC}	D_{IN}

　　① 读出方式。由于 2764 具有两个控制端 $\overline{CE}$ 和 $\overline{OE}$，为读取数据，二者必须进行逻辑配合。因此，工作在读出方式时，应使 $\overline{CE}$ 为低电平，选中芯片，将地址码指定的存储单元中的数据送到输出缓冲器的输入端，然后在输出使能端 $\overline{OE}$ 施加低电平信号，使输出缓冲器打开，将数据读出到输出端 $O_0 \sim O_7$。在读出过程中，$\overline{PGM}$ 应保持为高电平。

　　② 待机方式。实际使用中，为了降低电路静态功耗，在两次读出之间的等待时间里，可以使器件工作于待机（低功耗）方式。这时，只要在 2764 的 CE 输入端施加高电平信

号，并使$V_{PP} = V_{CC} = +5V$，$\overline{CE}$端的高电平信号会使地址译码器、数据缓冲器被禁止，输出级处于高阻状态。

由于EPROM通常用于较大的存储阵列中，2764采用了两条控制线，以适应系统中多片芯片的连接。设置双控制线是出于如下考虑：使存储器消耗功率最低；保证不出现总线冲突。为了更有效地使用这两条控制线，$\overline{CE}$信号应经译码后再作为各器件的片选信号，同时将存储阵列中的所有器件的OE端连在一起，并接到系统控制总线中的Read线上。这样，就能保证存储阵列中所有未被选中的器件处于低功耗的待机状态，仅当希望数据由某一器件输出时，相应的输出才处于有效状态。

③ 编程方式。编程就是向新购的或擦除后的EPROM芯片写入数据。编程时，先将$V_{CC} = +5V$接通，再使$V_{PP} = 12.5V$（或21V），然后令$\overline{PGM}$、$\overline{OE}$为高电平，$\overline{CE}$为低电平，将地址码和需要写入的数据分别加到$A_0 \sim A_{12}$和$O_0 \sim O_7$，当地址和数据稳定时，在$\overline{PGM}$端加上宽度为50ms的负脉冲，便可将加到$O_0 \sim O_7$上的8位并行数据写入地址码所指定的存储单元中。

④ 禁止编程。用禁止编程方式可以方便地为多片并行的2764编入不同的数据。此时，可将多片并行的2764除$\overline{CE}$外的所有同名输入端（包括$\overline{OE}$）接在一起。$\overline{OE}$为21V时，在一片2764的$\overline{CE}$和$\overline{PGM}$端加入TTL电平编程负脉冲，就可以将数据写入该片2764，而其他2764因$\overline{CE}$端为高电平而被禁止编程。

⑤ 编程检验。为了确定编程过程是否正确，应该对已编程的位进行检验。在$V_{PP} = 21V$，$\overline{CE}$和$\overline{OE}$为低电平，$\overline{PGM}$为高电平时，可进行编程检验。

（3）擦除特性。将2764的透明石英盖板置于波长在4×10^{-5}cm以下的光线下，即可擦除。

 注意

阳光和某种荧光灯的波长范围是$(3 \sim 4) \times 10^{-5}$cm。将典型的2764置于室内日光灯光线下，擦除内存数据约需3年时间；但在阳光直射下，约一周时间便可被擦除。若2764长期在这种环境中工作，应使用不透明薄膜将石英盖板遮盖，以防止存储数据的丢失。

对于2764，推荐的擦除过程是在波长为2.537×10^{-5}cm的紫外光下曝光，总曝光量（紫外线光强×曝光时间）至少为$15W \cdot s/cm^2$。若使用功率为$12\,000\mu W/cm^2$的紫外线灯距器件约3cm擦除，需要$15 \sim 20$min。若灯管带有滤光器，使用前必须拆除。

2.9.2　随机存取存储器（RAM）

1. RAM存储器的结构

RAM存储器一般由存储矩阵、地址译码器和读/写控制器组成。如图2.41所示是RAM

的结构图。下面讨论各部分的功能。

存储矩阵。存储矩阵是由大量基本存储单元组成的。每个基本存储单元可以存储 1 位二进制数码。这些基本存储单元按一定的规则组合起来，就构成了存储矩阵。例如，一个 32×8 的存储矩阵是由 32×8 个基本存储单元组成的。这里的 32×8=256 是指存储矩阵的容量，32 是指该存储矩阵具有 32 个字，8 是指每个字有 8 位。而 64K×1（1K=1 024）的存储矩阵的容量为 64KB，它有 64K 个字，每个字只有 1 位。

基本存储单元实际上是一种双稳态触发器。MOS 基本存储单元分为静态存储单元（由静态存储单元构成的存储器叫静态存储器）和动态存储单元（由动态存储单元构成的存储器叫动态存储器）两种。与静态存储器相比，动态存储器具有耗电少、存储容量大等优点，但是动态存储器需要进行定时刷新。

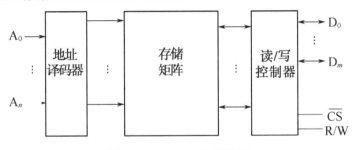

图 2.41　RAM 的结构图

2. 典型 RAM 举例及 RAM 的扩展

（1）NMOS 静态 RAM 2114。2114 是采用 6 管 NMOS 基本存储器单元构成的静态 RAM。其存储容量为 1K×4，即 1 024 个字，每个字为 4 位。它的结构图、引脚排列和逻辑符号如图 2.42 所示。

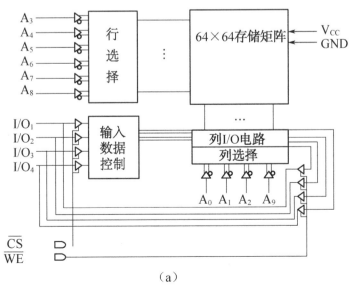

（a）

图 2.42　2 114 的结构图、引脚排列和逻辑符号

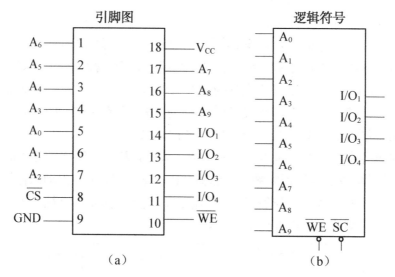

图 2.42　2 114 的结构图、引脚排列和逻辑符号（续）

其引脚名称如下：

$A_0 \sim A_9$，地址输入；V_{CC}，电源（+5V）；$\overline{WE}$，写允许；GND，接地；$\overline{CS}$，片选；$I/O_1 \sim I/O_4$，数据输入、输出。

2 114 具有一个片选输入端 $\overline{CS}$、一个读写控制端 $\overline{WE}$，以及 4 个数据输入/输出端。当片选输入端 $\overline{CS}$ 为高电平时，不管读/写控制端为何种状态，芯片内部数据线与外部数据输入/输出端是相互隔离的，该芯片既不能写入，也不能读出。当片选输入端 $\overline{CS}$ 为低电平并且读/写控制端 $\overline{WE}$ 亦为低电平时，写入驱动器导通，信号由外部数据线写存储器。当 $\overline{CS}$ 为低电平，$\overline{WE}$ 为高电平时，读出驱动器导通，存储器内部存储的信息送到外部数据线上。

（2）RAM 的扩展连接。在实际使用中，如果一片 RAM 满足不了电路存储容量的要求，就需要把几片 RAM 组合在一起，以便构成更大容量的存储器，这就是 RAM 的扩展连接，它分为位扩展和字扩展两种情况。

① 位扩展连接。所谓位扩展，就是用位数较少的 RAM 芯片组成位数较多的存储器。例如，一个 $N \times 1$ 结构的 RAM 具有 N 个字，每一字只有 1 位。如果用它构成 $N \times 8$ 的存储器，需要用 8 个 $N \times 1$ 芯片组成一个芯片组。其连接方式为：用同样的 RAM 芯片，把这些芯片相应的地址输入端分别连在一起，芯片的片选控制端和读/写控制端也分别连在一起，数据端各自独立，每一根数据代表 1 位。如图 2.43 所示是用 8 个 256×1 的 RAM 芯片组成 256×8 的存储器的接线图。

② 字扩展连接。所谓字扩展，就是用位数相同、字数较少的 RAM 芯片组成字数较大的存储器。例如，为了用 256×8 的 RAM 芯片组成 1 024×8 的存储器，需要用 4 个 256×8 的 RAM 进行字扩展连接。连接的方式为：把这 4 片 RAM 芯片相应的数据线分别连在一起，把芯片的读/写控制端也都分别连在一起。256×8 的 RAM 芯片具有 8 根地址线（$A_0 \sim$

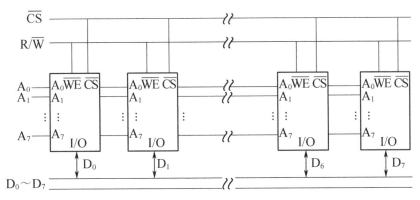

图 2.43　RAM 的位扩展

A_7），而 1 024×8 的存储器有 10 根地址线（$A_0 \sim A_9$）。为此可把 4 片 RAM 芯片相应的地址输入端都连接在一起，构成 1 024×8 存储器的低 8 位地址，把 1 024×8 存储器的两根高地址线 A_8、A_9 加到 2 线-4 线译码器的输入端。而译码器的 4 个输出端分别与 4 个 256×8 RAM 芯片的片选控制端相连。4 片 256×8 RAM 芯片组成 1 024×8 存储器的连接图如图 2.44 所示。

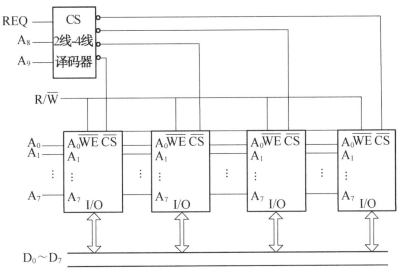

图 2.44　RAM 的字扩展

如果字数和位数都不够时，可以进行复合扩展连接，即首先进行位扩展连接，然后再进行字扩展连接。

2.10　单片微型计算机

2.10.1　概述

单片微型计算机简称单片机。它把组成微型计算机的各功能部件：CPU、存储器（只读存储和随机存储器）、I/O 接口电路等制作在一块集成芯片中，构成了一个完整的

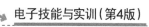

微型计算机。

单片机在家用产品、工业控制等领域获得了广泛应用。其中 MCS-51 系列产品由于其优良的性能价格比，在我国国内单片机产品中有着非常重要的地位。单片机的应用领域主要有以下几种。

（1）控制系统。用单片机可以构成各种工业控制系统、自适应控制系统、数据采集系统等。

（2）智能仪表。与传统的仪表相比较，含有单片机的智能仪表具有数字化、智能化、多功能、综合化等优点。这种仪表正在取代传统仪表。

（3）机电一体化产品。单片机与传统产品结合，将会使传统机械产品的结构大大简化，从而使这些产品在提高功能和可靠性的同时，大大降低生产成本。

2.10.2　MCS-51 单片机硬件结构

本节将介绍 MCS-51 单片机的硬件结构，特别是面向用户的一些硬件。从硬件设计和程序设计的角度，分析 MCS-51 的硬件结构，重点论述其应用特性和外部特性，也就是站在用户的立场上分析单片机提供了哪些资源、如何去应用它们，使读者对 MCS-51 单片机的硬件结构有较为详细的了解。

1. MCS-51 单片机硬件结构特点

美国 Intel 公司继 1976 年推出 MCS-48 系列单片机后，1980 年又推出了 MCS-51 系列高档 8 位单片机。由于 MCS-51 单片机是在 MCS-48 的基础上推出的增强型产品，它的出现直接与 HMOS 工艺有关，并提高了芯片的集成度，因而后者比前者在性能上大为提高，增加了多种片内硬件功能，并扩展了功能单元的种类和数量。

MCS-51 单片机硬件结构主要有以下几方面特点。

（1）内部程序存储器（ROM）和内部数据存储器（RAM）容量。MCS-51 单片机内部 ROM 的容量为 4～8KB，内部 RAM 的容量为 128 个字节。

（2）输入/输出（I/O）口。MCS-51 单片机内的 I/O 口的数量和种类较多且齐全，尤其是它有一个全双工的串行口。该串行口是利用两根 I/O 接口线构成的，有 4 种工作方式，可通过编程选定。MCS-51 有 32 根 I/O 接口线。

（3）外部程序存储器和外部数据存储寻址空间。MCS-51 可对 64KB 的外部数据存储器寻址且不受该系列中各种芯片型号的影响，而对程序存储器则是内外总空间为 64KB。

（4）中断与堆栈。MCS-51 有 5 个中断源，分为两个优先级，每个中断源的优先级都是可编程的。它的堆栈位置也是可编程的，堆栈深度可达 128 字节。

（5）定时/计数器与寄存器区。MCS-51 系列有两个 16 位定时/计数器，通过编程可以实现 4 种工作模式。MCS-51 在内部 RAM 中开设了 4 个通用工作寄存器区，共 32 个通用寄存器，以适应多种中断或子程序嵌套的要求。

2．MCS-51 单片机的引脚描述及片外总线结构

（1）芯片的引脚描述。MCS-51 单片机大都采用 40 引脚的双列直插封装，制造工艺为 CHMOS 的 80C51/80C31 芯片除采用 DIP 封装方式外，还采用方形封装工艺，图 2.45、图 2.46、图 2.47 所示分别是它们的引脚图。其中方形封装的 CHMOS 芯片有 44 只引脚，但其中 4 只引脚（标有 NC 的引脚 1、12、23 和 34）是不使用的。在以后的讨论中，除有特殊说明外，所述内容皆适用于 CHMOS 芯片。

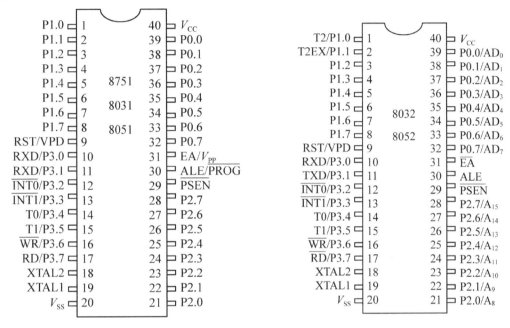

图 2.45　8051 引脚图　　　　　　　　　图 2.46　8052 引脚图

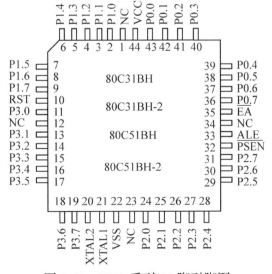

图 2.47　8051 系列 44 脚引脚图

如图 2.48 所示是 MCS-51 的逻辑符号图。在单片机的 40 只引脚中有两只专用于主电源的引脚，两只外接晶体的引脚，4 条控制线或与其他电源复用的引脚，32 只输入/输出（I/O）引脚。

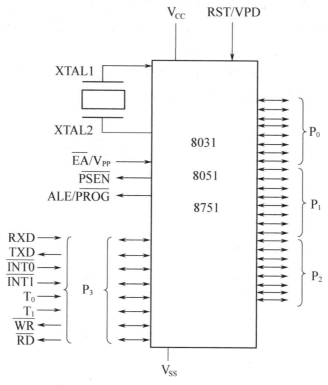

图 2.48　8051 系列逻辑符号图

下面按其引脚功能，分 4 部分叙述这 40 只引脚的功能。

① 主电源引脚 V_{CC} 和 V_{SS}。V_{CC}（40 脚）接+5V 电压；V_{SS}（20 脚）接地。

② 外接晶体引脚 XTAL1 和 XTAL2。XTAL1（19 脚）为接外接晶体的一个引脚。在单片机内部，它是一个反向放大器的输入端，这个放大器构成了片内振荡器。当采用外部振荡器时，对 HMOS 单片机，此引脚应接地；对 CHMOS 单片机，此引脚作为驱动器端。

XTAL2（18引脚）为接外部晶体的另一端。在单片机内部，接至上述振荡器的反相放大器的输出端。采用外部振荡器时，对 HMOS 单片机，该引脚接外部振荡器的信号，即把外部振荡器的信号直接接到内部时钟发生器的输入端；对 CHMOS 单片机，此引脚应悬浮。

③ 控制或与其他电源复用引脚 RST/VPD、ALE/$\overline{PROG}$、$\overline{PSEN}$、$\overline{EA}$/V_{PP}。

RST/VPD（9 脚）：当振荡器运行时，在此引脚上出现两个机器周期的高电平将使单片机复位。推荐在此引脚与 V_{SS} 之间连接一个约 8.2kΩ的下拉电阻，与 V_{CC} 引脚之间连接一个约 10μF 的电容，以保证可靠的复位。V_{CC} 掉电期间，此引脚可接上备用电源，以保持内部 RAM 的数据不丢失，当 V_{CC} 的主电源降到低于规定的电平，而 VPD 在其规定的电压范围（5V±0.5V）内时，VPD 就会向内部 RAM 提供备用电源。

ALE/$\overline{\text{PROG}}$：当访问外部存储器时，ALE（允许地址锁存）的输出用于锁存地址的低位字节。即使不访问外部存储器，ALE 端仍以不变的频率周期性地出现正脉冲信号，此频率为振荡频率的 1/6。因此，它可用做对外输出的时钟，或用于定时目的。然而要注意的是，每当访问外部数据存储器时，将跳过一个 ALE 脉冲。对于 EPROM 型的单片机（如 8751），在 EPROM 编程期间，此引脚用于输入编程脉冲（$\overline{\text{PROG}}$）。

$\overline{\text{PSEN}}$（29 脚）：此引脚的输出是外部程序存储器的读选通信号。在从外部程序存储器取指令（或常数）期间，每个机器周期两次 $\overline{\text{PSEN}}$ 有效。但在此期间，每当访问外部数据存储器时，这两次有效的 $\overline{\text{PSEN}}$ 信号将不再出现。

$\overline{\text{EA}}$/V_{PP}（引脚）：当 $\overline{\text{EA}}$ 端保持高电平时，访问内部程序存储器，但在 PC（程序计数器）值超过 0FFFH（对 8051/8 751/80C51）或 1FFFH（对 8052）时，将自动转向执行外部程序存储器内的程序。若 $\overline{\text{EA}}$ 保持低电平，则只访问外部程序存储器，不管是否有内部程序存储器。对于常用的 8031 来说，无内部程序存储器，所以 $\overline{\text{EA}}$ 脚必须接地，这样才能只选择外部程序存储器。对于 EPROM 型的单片机（如 8751），在 EPROM 编程期间，此引脚也用于施加 21V 的编程电压（V_{PP}）。

④ 输入/输出（I/O）引脚 $\overline{P_0}$、$\overline{P_1}$、$\overline{P_2}$、$\overline{P_3}$（共 32 根）。

$\overline{P_0}$ 口（32 ~ 39 脚）：双向 8 位三态 I/O 口，在外接存储器时，与地址总线的低 8 位及数据总线复用。

$\overline{P_1}$ 口（1 ~ 8 脚）：8 位准双向 I/O 口。由于这种接口输出没有高阻状态，输入也不能锁存，故不是真正的 I/O 口。对 8052、8032 来说，P1.0 引脚的第二功能为 T2 定时/计数器的外部输入；P1.1 引脚的第二功能为 T2EX 捕捉、重装触发，即 T2 的外部控制端。对 EPROM 编程和程序验证时，它接收低 8 位地址。

$\overline{P_2}$ 口（21 ~ 28 脚）：8 位准双向 I/O 口。在访问外部存储器时，它可以作为扩展电路高 8 位地址总线送出高 8 位地址。在对 EPROM 编程和程序验证时，它接收高 8 位地址。

$\overline{P_3}$ 口（10 ~ 17 脚）：8 位准双向 I/O 口，在 MCS-51 中，这 8 个引脚还用于专门功能，是复用双功能口。作为第一功能使用时，就作为普通 I/O 口使用，其功能和操作方法与 $\overline{P_1}$ 口相同。作为第二功能使用时，各引脚的定义见表 2.12。

表 2.12　P₃各口线的第二功能定义

口　　线	引　　脚	第 二 功 能
P3.0	10	RxD （串行输入口）
P3.1	11	TxD （串行输入口）
P3.2	12	INT0 （外部中断 0）
P3.3	13	INT1 （外部中断 1）
P3.4	14	$\overline{T_0}$ （定时器 0 外部输入）

口　线	引　脚	第二功能
P3.5	15	$\overline{T_1}$（定时器1外部输入）
P3.6	16	WR　（外部数据写脉冲）
P3.7	17	RD　（外部数据读脉冲）

（2）MCS-51 的片外总线结构。综上所述，I/O 接口线不能都当做用户 I/O 接口线。除 8051/8751 外，真正可完全为用户使用的 I/O 接口线只有 $\overline{P_1}$ 口，以及部分作为第一功能使用的 $\overline{P_3}$ 口。如图 2.49 所示是 MCS-51 单片机按引脚功能分类的片外总线结构图。

由图 2.49 可以看出，单片机的引脚除了电源、复位、时钟接入、用户 I/O 口外，其余引脚都是为实现系统扩展而设置的。这些引脚构成了 MCS-51 单片机外部三总线结构。

① 地址总线（AB）：地址总线宽度为 16 位，因此其外部存储器直接寻址为 64KB，16 位地址总线中的低 8 位地址（$A_0 \sim A_7$）由 $\overline{P_0}$ 口经地址锁存器提供；$\overline{P_2}$ 口直接提供高 8 位地址（$A_8 \sim A_{16}$）。

② 数据总线（DB）：数据总线宽度为 8 位，由 $\overline{P_0}$ 口提供。

③ 控制总线（CB）：由 $\overline{P_3}$ 口的第二功能状态和四根独立控制线 RESTE、$\overline{EA}$、ALE、$\overline{PSEN}$ 组成。

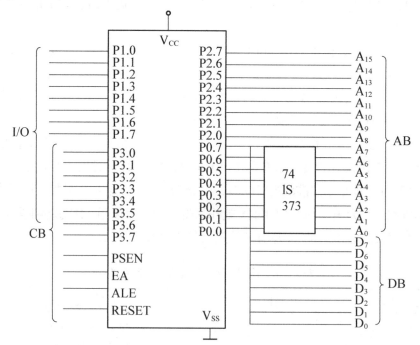

图 2.49　8051 单片机按引脚功能分类的片外总线结构图

习题2

1. 在二极管半波整流电路中，当二极管导通时二极管两端的压降为多少？当二极管截止时二极管两端的压降又为多少？

2. 在桥式全波整流电路中，每个二极管承受的最大反向压降为多少？

3. 基本三极管放大电路有几种接法？共射极放大电路的特点是什么？

4. 工作在线性放大状态时，理想运算放大器具有哪些特点？

5. 写出反相加法器电路输入、输出电压的表达式。

6. 什么是二进制数？什么是十进制数？

7. 写出两输入与门电路的真值表。

8. 写出两输入或门电路的真值表。

9. 用文字说明 3/8 译码器 74LS138 的功能。

10. 用文字说明 BCD 译码器 74LS49 的功能。

11. 什么是二进制计数器？什么是十进制计数器？

12. 什么叫加法计数器？什么叫减法计数器？

13. 什么是 ROM？什么是 RAM？它们之间有什么共同点和不同点？

第3章

常用电子仪器

电子仪器是用于测试电路参数、产生信号、提供电能的仪器。离开了这些种类繁多的仪器，再能干的电子工程师也将束手无策。所以学好电子技术这门课，熟悉和掌握几种基本电子测量仪器的操作和使用是非常重要的。

3.1 电子测量的基本知识和原理

3.1.1 概述

借助电子设备进行各种电参数的测量和检测都称为电子测量。它广泛应用于生产、科研的各个领域。

电子测量的对象是各种电物理量，如频率、带宽、波形、电压、电流等。电子测量使用的仪器有许多种，每种仪器都有自己的使用和表示方法。用户需要掌握一定的测量方法和技巧才能正确、高效地使用这些仪器。

电子测量的结果与实际值往往是不一样的，真值和测量结果之间的差值定义为误差；测量值和真值的符合程度称为准确度，常用容许误差（规定某一类仪器的误差不应超过的最大范围，亦称为极限误差）来表示。误差的产生是不可避免的，只能尽可能地减小，如果测量误差在许可范围之内，就认为测量结果是正确的。误差产生的原因有许多种，按产生的主、客观因素可分为人为误差和非人为误差。人为误差包括人身误差和方法误差；非人为误差主要有仪器误差、环境误差（工程误差）等。下面就对这几种误差分别进行介绍。

3.1.2 误差的产生及处理方法

1. 仪器误差

仪器误差是指由于仪器的电气或机械性能不完善而产生的误差，分为基本误差和附加误差两类。

（1）基本误差。基本误差是指仪表在规定的工作条件下进行测量时产生的误差，是由仪表的设计原理、结构条件和制造工艺不完善而引起的。规定的工作条件是指：

① 仪器经过调整，使用时零点是校正好的；

② 符合仪器的摆放要求；

③ 环境温度和湿度在仪器允许的范围之内；

④ 没有地磁场以外的磁场干扰；

⑤ 对于测量交流信号的仪器只允许被测信号量是正弦交流信号，且频率在仪器的工作频段内。

（2）附加误差。附加误差是指除基本误差外，由于仪器不按规定条件使用而引起的误差，如温度过低、要求水平放置的却没有放在水平面上等。

2．人为误差

人为误差的大小随测量者的不同而不同，跟测量者的习惯等都有关系，如测量者读数时的姿势及判断能力的大小等。为了减小人为误差对测试结果的影响，需要测量者熟悉仪器，并需进行必要的训练。

3．方法误差

方法误差的产生是因为目前测量过程中用到的理论总是存在一些假设的成分，如用户把某些本是非线性的被测量当成线性量来处理，这就会引起误差。如果能找到更精确的拟合方法或采用适当的补偿就可以减小这种误差。

4．误差的表示方法

（1）绝对误差。绝对误差又称为真误差，通常所说的误差就是指这种误差，常表示成 $\Delta = A - A_0$。其中，A 为测量值；A_0 为真值，也就是一个参量真正的值，这个值确实存在，但却无法直接得到它，工程上往往用多次测量的均值或理论值来表示。

例如，被检测的一个电压的真值为 2.56V，但测试结果是 2.50V，绝对误差 $\Delta I = 2.56 - 2.50 = 0.06V$。

（2）相对误差。绝对误差只能反映测量值与实际值之间的差值，却无法反映这个误差对反映这个参数的可靠性的程度，因此引进相对误差的概念。相对误差 $\gamma = \Delta / A_0$。对于上例，$\gamma = 0.06/2.56 = 2.34\%$，说明这个测量值与实际值相差不太大，即准确度比较高。在误差表示的时候，这两种误差表示同一个问题的两个方面，所以可以同时使用这两个量来表示同一个测量结果。

（3）基本误差。相对误差通常用于说明测量结果的准确度，它与仪器的使用方法有关。通常，它不用于评价一个仪器性能的好坏。因为仪器产生的误差基本上不随被测量大小的变化而变化，即在一个量程中，绝对误差值 Δ 基本不变，而 A 的值可能会有很大变化，从而导致相对误差有很大不同。为了正确反映仪器的性能，引入了基本误差的概念，基本误差定义为：$r_N=\Delta/A_m$。其中，A_m 是仪器的满量程值。用基本误差可以评定一个仪器的好坏。

表 3.1 列出了国家规定的仪器准确度等级和基本误差之间的对应关系。通常，在仪器的刻度盘上都会标明该仪器的基本误差，有时又称为仪器误差，这是厂家在最不利的情况下获得的仪器的最大误差。当需要考虑基本误差的影响时，计算所得的引用误差应大于所使用仪器的引用误差。

表 3.1　仪器的准确度和基本误差对照表

仪器的准确度等级	0.1	0.2	0.5	1.0	1.5	2.5	5.0
基本误差（%）	± 0.1	± 0.2	± 0.5	± 1.0	± 1.5	± 2.5	± 5.0

为了提高测量精度，不但需要选择准确度等级较高的仪器，还需要掌握正确使用仪器的方法。

【例 3.1】　有一个真值为 220V 的电源，用一个量程为 250V 1.0 级和一个量程为 600V 0.5 级的电压表测量。求对应的最大相对误差。

解：　　　$r_1=r_{N1}\times\dfrac{A_m}{A}=1.14\%$　　　　　　　$r_2=r_{N2}\times\dfrac{A_m}{A}=1.36\%$

从得到的数据看，采用一个等级高（准确度高）的电表测得的数据反而不如采用一个等级低（准确度低）的电表测得的数据更准确。之所以会产生这样的结果，是因为这两个表的满量程不一样，一般在测量数据时，要求被测量的值应大于仪器所用满量程的 2/3。

3.1.3　电子测量中的干扰

1. 干扰源

在进行电子测量的过程中，会有许多干扰信号，从而降低了电路的测量精度。其中主要的干扰源有以下几种。

（1）热电动势（直流）。热电动势是由测量电路中的接点、线绕电位器的动点、电子元件的引线和印制电路板布线等各种金属的接合点间由于温度差而产生的。

（2）交流电源设备及电源线。大多数测量仪器采用交流电源供电，通常交流电网的电压可能会有较大的波动，而且交流电网中的许多电感性器件会带来频率污染。因此，交流电源装置及电源线会受到这些干扰的影响，其中最主要的干扰是工频（50Hz）及高频（调制波）干扰。

（3）电气型干扰（日光灯、焊接机等）。这些干扰源产生的干扰信号频带宽、强度大，并具有随机性，因此干扰性较强，测量仪器很容易受到干扰，且不易被克服。

（4）无线电波、无线电收发两用机（高频波）。此类电磁波感应的干扰，经非线性元件检波后，会作为干扰信号影响测量仪器。

2．干扰耦合的途径及其抑制方法

（1）公共阻抗干扰。在某些情况下，由于电路设计不合理，将使干扰电流流过的支路和测量电路有公共阻抗，干扰电流在公共阻抗上的压降便成为干扰源。抑制此类干扰的方法是尽量避免或减小公共阻抗。

例如，在如图 3.1 所示电路中，电路 $A_1 \sim A_4$ 接到同一电源上，形成多个公共阻抗。从 $A_1 \sim A_4$ 向左看，Z_i、Z_{c1}、Z'_{c1} 成为它们的公共阻抗，而 $Z_{c1} + Z_{c2} + Z_{c3}$、$Z'_{c1} + Z'_{c2} + Z'_{c3} + Z_i$ 则分别成为 A_3 和 A_4 的公共阻抗。若某种干扰使 A_1 电路的电流发生 Δi_1 的变化，则通过公共阻抗便产生 $\Delta i_1 (Z_{c1} + Z'_{c1} + Z_i)$ 的电压，此电压将加到 A_2 以后的几个支路上，成为 A_2 以后几个支路的干扰源。

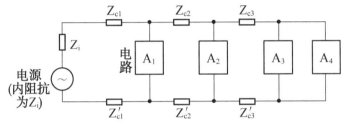

图 3.1　公共阻抗干扰示意图

公共阻抗有两个来源：一是电路安装时的引线电阻、电感，地回路的电阻及接线柱的接触电阻等；二是电源或信号源的内阻抗。

如果把如图 3.1 所示电路改成如图 3.2 所示电路，就能防止由引线电阻、电感形成的公共阻抗。但请注意，此时引线数增多，电路就变得更复杂了。

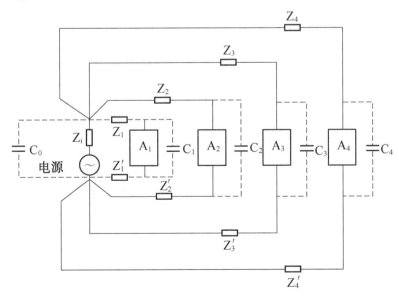

图 3.2　消除公共阻抗干扰的接线方法

一般引线的电阻、电感较小，对大电流的输出电路、地回路以及对干扰敏感的低电平电路，通常应采用如图 3.2 所示的布局。

为了消除电源内阻 Z_i 引入的干扰，可在电路 $A_1 \sim A_4$ 两端并联旁路电容 $C_1 \sim C_4$，同时在电源两端并上 C_0（如图 3.2 中虚线所示）。

为了抑制电路相互间的干扰，可人为地分别与 $Z_1 \sim Z_4$ 串联一个一定大小的电阻，使此电阻与 $C_0 \sim C_4$ 分别形成低通滤波器，通常这种电路称为去耦电路。当信号频率较低时，$C_0 \sim C_4$ 的电容值要加大。

（2）静电感应（电容耦合）。如图 3.3 所示，测量仪器或被测电路因静电电容感应而引起的电压为

$$\dot{V} \approx \omega C \dot{V}_0 \cdot Z$$

式中，$\omega = 2\pi f$，f 为感应源的频率，单位为 Hz；C 为感应源和测量仪器间的静电电容，单位为 F；$\dot{V}_0$ 为感应源和大地间的电压，单位为 V；Z 为被测电路、仪器等的等效输入阻抗，单位为 Ω。

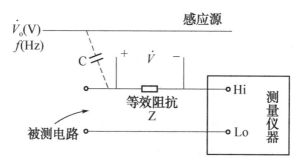

图 3.3　静电感应干扰

通常抑制此类干扰的方法是把信号线用接地的金属盖上，通过静电屏蔽作用，使原耦合的电容减小。此外，降低信号输入电路的阻抗、使感应源和信号电路分离开等也是有效的方法。

（3）电磁感应。如图 3.4 所示，当大电流电路的交流电流通过导线产生磁场时，产生的感应电压为

$$\dot{V} = \omega M \dot{i}$$

式中，i 为感应源的电流，单位为 A；M 为感应源与被测电路间的互感，单位为 H。

抑制此类感应干扰的方法是被测电路和测量仪器之间的连线采用双绞线。此外，为了减小 M，应尽量让感应源远离被测电路和测量仪器，同时对干扰源和信号线采取电磁屏蔽。低频时，用高导磁率材料屏蔽；高频时，采用涡流损耗、磁滞损耗小的铜、铝等材料屏蔽。

当无线电波引起的感应电压串入测量仪器或电路时，抑制方法仍然是电磁屏蔽，可在屏蔽室内进行测量，或使无线电收发机尽可能地远离测量仪器及被测电路。

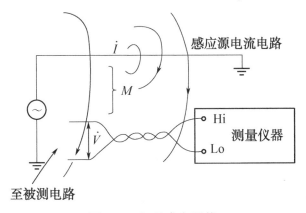

图 3.4　电磁感应干扰

3.　串模（常态）干扰和共模（共态）干扰

（1）干扰的分类。干扰可分为串模干扰和共模干扰两种形态。

① 串模干扰：如图 3.5 所示，v_N 串联在测量电路中，故称为串模干扰或线间干扰。

② 共模干扰：图 3.5 中的 v_C 是以大地为基准点、两线共有的干扰，也称为对地干扰。

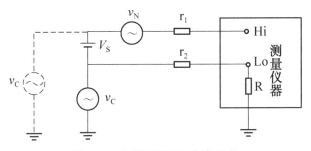

图 3.5　串模干扰和共模干扰

（2）共模干扰转换为串模干扰及其减小措施。在图 3.6 中，共模干扰 v_C 最终转换成 v_{N1}、v_{N2} 两个串模干扰，净串模干扰为 $v_N = v_{N1} - v_{N2}$。

$$v_N = \left(\frac{r_3}{r_1 + r_3} - \frac{r_4}{r_2 + r_4} \right) \cdot v_C$$

由上式可知，为了减小共模干扰对测量仪器的影响，应尽量使 r_1 和 r_2、r_3 和 r_4 的值相等。例如，当 $r_1 = r_2$，$r_3 = r_4$ 时，即使有 v_C，但 $v_N = 0$，即测量仪器不受共模干扰影响。

此外，当有用信号与干扰信号的频域不同时，可通过滤波方法减小 v_N 的影响。但必须注意，使用滤波器可能引起信号的频率响应特性变坏，导致波形失真变大。

（3）热电动势的影响。在测量直流电压和低频电压时，数字电压表的两引线端接触不同的金属，则不同金属两端会因温度不同而产生热电动势，从而引起测量误差。通常，热电动势为 5 ~ 50μV/℃。

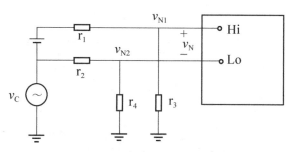

图 3.6   共模干扰转换为串模干扰

3.1.4   接地

1. 接地的符号及意义

（1）接地的符号。如图 3.7 所示，接地的符号可分为接大地与接机壳两种。接机壳有

接大地   接机壳

图 3.7   两种不同接地表示法

时称为接地，而接大地也简称为接地，但两者是不相同的，实际使用时务必注意。

（2）接地的意义。在使用电子测量仪器时，测量系统的接地问题十分重要。测量系统接地的目的，一是为了保障测量系统安全，二是使测量稳定。具体接地方法可分为如下几种情况。

① 应形成电子电路等公共回路。如图 3.8 所示，天线接大地，以大地为基准电位，测量仪器也应接大地。

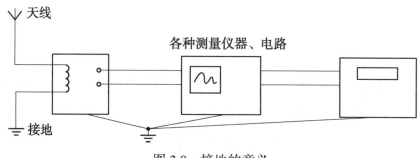

图 3.8   接地的意义

② 在大功率电路中，因高压和低压并存，当变压器发生故障时，高压窜入低压回路，会造成低压部分对大地有异常高的电压产生，引起电击或触电等危险。为了防止这种情况出现，应按如图 3.9 所示方法接地，将低压的一条线接大地。如图 3.9 中所示第 2 种、第 3 种接地统称为安全保护接地。

③ 为了防止因漏电使仪器外壳电位升高，造成人身事故，应将仪器外壳接大地，方法如图 3.10 所示。

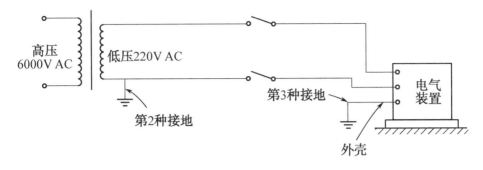

图 3.9 安全保护接地

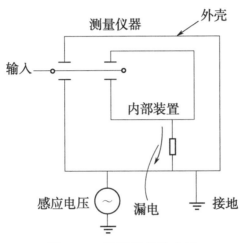

图 3.10 仪器外壳接大地

2．被测电路、测量仪器等的接地

被测电路、测量仪器的接地除了保证人身安全外，还可防止干扰或感应电压窜入测量系统，也可避免测量仪器之间相互干扰，以及消除人体感应的影响。

（1）为了防止人身事故和感应电压的接地。测量仪器除特殊情况外，一般都应使外壳接大地，如图 3.10 所示。若测量仪器外壳不接大地，则大地和测量仪器间存在的感应电压、电流将窜入输入电路，造成测量误差。此外，当内部装置存在漏电时，外壳就有上升到电源电压（220 V）的危险，易造成人身事故。

（2）为了防止干扰的接地。如图 3.11（a）所示连接中，因共模干扰 $v_{\rm C}$ 造成的干扰电流 $i_{\rm C}$ 直接流经被测电路，在测量输入端 Hi、Lo（高、低）间产生 $Ri_{\rm C}$ 干扰电压，此电压将产生测量误差。

为了防止上述误差的产生，测量连线及接地线应如图 3.11（b）所示。测量系统采用双层屏蔽技术，在测量信号输入端 $\rm H_i$、Lo 的外面，用浮地保护壳把整个测量仪器加以屏蔽，并在其上设置保护端子 G。因此，共模干扰电压 $v_{\rm C}$ 产生的电流 $i_{\rm C}$ 被保护壳、屏蔽电缆所旁路，流过被测电路的电流为 $i'_{\rm C}$，且 $i'_{\rm C} \ll i_{\rm C}$，故 $v'_{\rm C}$ 产生的影响变得非常小。测量仪器对共模干扰的抑制能力用共模抑制比 K_{CMR} 来表示。

在图 3.11（b）中，其共模抑制比 K_{CMR} 为

$$K_{CMR} = 20\lg\frac{V_C}{V_N} + 20\lg\frac{V_N}{\Delta E}(dB)$$

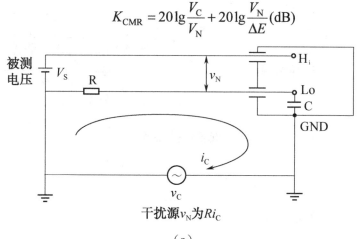

（a）

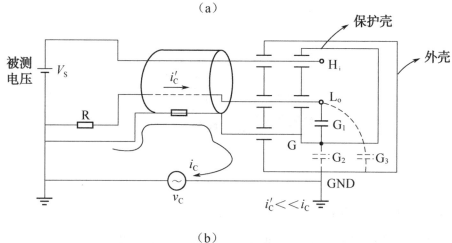

（b）

图 3.11　防干扰接地

通常，测量仪器采用 220V（或 110V）交流电作为供电电源，因此也应防止从电源线窜入干扰。通常采取滤波措施来消除或减小电源干扰。

另外，接地时应尽量避免多点接地，而应采取一点接地的方法，尤其在测量电缆间有两点以上接地时更必须注意这一点，如图 3.12 所示。

如图 3.12（a）所示电路省略了电流 i 的返回路线，而采用两处接地代替。于是，由大地电阻产生的电位差 v_C 作用于测量电路而造成测量误差。要避免误差应按如图 3.12（b）所示接线，设置电流 i 返回路线。

在图 3.12（c）中，由于测量仪器各自独立接地，所以工作电流会在各接地点间产生电压降或在接地点间产生电磁感应电压，这些原因也会造成测量上的误差。为此，必须采用如图 3.12（d）所示方式接地，采取一点接地措施。

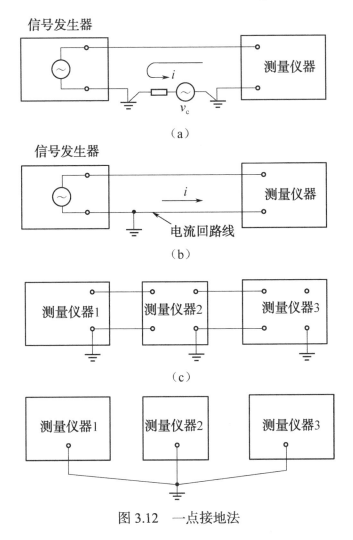

图 3.12　一点接地法

在测量放大器的放大倍数或观察其输入、输出的波形关系时，为什么总要强调放大器、信号发生器、晶体管毫伏表及示波器进行共地测量呢？这是因为电子仪器是由交流 220 V 电源经变压器变压、整流及稳压供电的，如图 3.13 所示。交流电源线上的干扰，经变压器的杂散电容 C_1、C_2 耦合到直流侧，在直流部分的地（⊥）总有或多或少的噪声（干扰电压、电流）存在。基于上述原因，应按如图 3.14 所示方法，把各部分（仪器）的地（⊥）接在一起，这称为共地测量，目的是防止地线上的噪声电压窜入测量仪器的高阻输入端 YB，让其在低阻的地线回路上形成回路，以此来减小测量误差与干扰。

为了防止电源线的干扰经变压器原边耦合到副边，实际变压器的原、副边间都要加上一层不短接的静电屏蔽层 G，如图 3.13 所示。使用时，此屏蔽层 G 应接地。

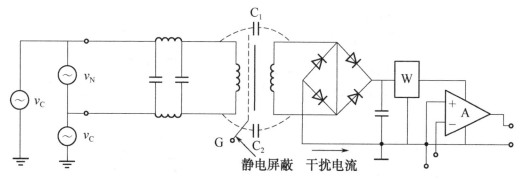

图 3.13　噪声来源

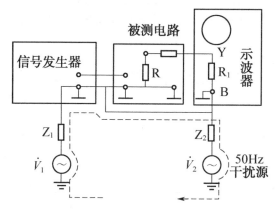

图 3.14　共地测量

3.1.5　测量仪器的阻抗对测量的影响

被测电路的输出阻抗与测量仪器的输入阻抗之间如果没有合理地匹配，将造成测量误差，下面简单说明其原因。

1. 测量仪器和被测电路并联

如图 3.15 所示是用示波器或数字电压表测量被测电路内部电压的电路原理图，被测电路的输出阻抗为 Z_s，内部电压为 $\dot{V}$。当用输入阻抗为 Z_m 的示波器或数字电压表测量被测电路电压 $\dot{V}$ 时，测量点 A、B 间的电压 $\dot{V}'$ 为

$$\dot{V}' = \frac{Z_m}{Z_s + Z_m} \times \dot{V}$$

当 $Z_m \gg Z_s$ 时，$\dot{V}' \approx \dot{V}$，此时测量误差非常小；但当 $Z_m = Z_s$ 时，则 $\dot{V}' = \left(\dfrac{1}{2}\right)\dot{V}$，指示值为实际电压值的 $\dfrac{1}{2}$。因此，在这种情况下，必须使测量仪器的输入阻抗远远大于被测电路的输出阻抗。

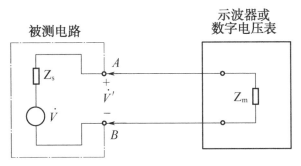

图 3.15 测量仪器输入阻抗的影响

2. 测量仪器和被测电路串联

当用测量仪器测量电路电流时,其连线如图 3.16 所示,若未接 Z_m 前的真值电流为 i,串接 Z_m 后电流为 i',则

$$i（真直）=\frac{\dot{V}}{Z_s}$$

$$i'（测量值）=\frac{i}{1+\dfrac{Z_m}{Z_s}}$$

若 $Z_m \ll Z_s$,则 $i' \approx i$,测量值接近于真值;而当 $Z_m = Z_s$ 时,$i' = \left(\dfrac{1}{2}\right)i$,即测量指示值仅为真值的 $\dfrac{1}{2}$ 。在这种情况下,测量仪器的输入阻抗应远远小于被测电路的输出阻抗。

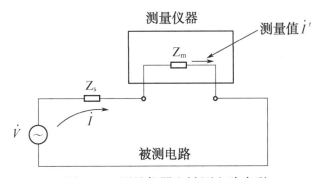

图 3.16 测量仪器和被测电路串联

3.2 常用电子测量仪器的正确使用

本节主要讨论如何正确使用常用电子测量仪器。因篇幅关系,读者如需要了解仪器内部的工作原理,可参阅其他相关参考书。

3.2.1 电压测量仪器

1. 直流电压测量

测量放大器静态工作点的直流电压时，通常使用万用表，特别要注意万用表的内阻对被测电路的影响。例如，MF-30 型万用表 1～25V 内所有量程，其内阻为 20kΩ/V，当用它的 5V 挡测量内阻为 100kΩ 的电路的电压时，电压指示值将仅为真值的一半。为了减小测量误差，需要改用高输入电阻的直流电压表或数字电压表（DVM）来测量。

常用数字电压表可按其 A/D 转换方式分类如下。

（1）逐次逼近式 DVM。这种 DVM 的特点是：

① 把输入电压的瞬时值转换成数字信号；

② 对输入信号能每秒进行几十至几百次的高速测量；

③ 易受干扰影响，抑制干扰困难。

（2）斜坡电压式 DVM。这种 DVM 线路简单，精度在 1%左右。当精度要求不高时，广泛采用此类电压表。

（3）积分式 DVM。这种 DVM 是把输入电压在一定时间（20 ～100ms）内的平均值转换成数字量。所以，它的最大优点是抗干扰能力强。

（4）多周期脉宽调制式 DVM。此种 A/D 转换方式的特点是线性度好、速度快、抗干扰能力强、线路简单及与计算机接口简单。由此可知，此种 DVM 具有上述三种 A/D 转换式 DVM 的优点。

当被测电压叠加上串模干扰电压时，若用非积分式 DVM 测量，此干扰电压将在显示的数字中反映出来，从而产生显示误差。

积分式 DVM 的抗串模干扰能力，常用串模抑制比（K_{SMR}）表示，其定义如下：

$$K_{SMR} = 20\lg\frac{V_n}{\Delta E}(dB)$$

式中，V_n 为串模干扰电压；ΔE 为 V_n 造成的显示误差。

一般情况下，积分式 DVM 的 K_{SMR} 为 80～100 dB。从上式可知，K_{SMR} 越大，表示该仪器抗干扰能力越强。测量速度较慢是积分式 DVM 的一个缺点，使用时应加以注意。例如，双积分式 DVM 的一个测量周期为 60ms 左右。

（5）DVM 保护端 G 的使用方法。通常，DVM 有三个输入端：Hi（高）、Lo（低）和 G（保护端）。G 内部已接在 DVM 机内保护屏蔽壳上，Hi、Lo 两端接测量电压。保护端外部的连接原则：G 与 Lo 处于同电位或两者尽量接近；同时，共模电流不应流过任何接在输入端的电阻。

在如图 3.17 所示电路中，R_a、R_b 为引线电阻，V_C、I_C 分别为共模电压及其产生的共模电流。此电路为 DVM 测量浮地直流电源 $\dot{V}_x$ 时，G 端的最佳连接（G、L 相连）。因此

这种接法中 $\dot{I}_C$ 仅流过 L、G 连线，在 R_a、R_b 上无压降，G、Lo 实际处于同一电位。若 Lo、G 相连，虽然 Lo、G 同电位，但 $\dot{V}_C$ 产生的全部共模电流流过 R_b，将引起测量误差。

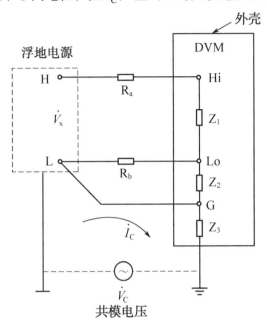

图 3.17 DVM 测量浮地直流电源 $\dot{V}_x$ 时，G 端的最佳连接

2. 交流电压测量

指针式交流电压表按其工作原理的不同可分为检波-放大式、放大-检波式及外差式三种。

放大-检波式交流电压表是将被测电压经放大后送至全波检波器；而检波-放大式交流电压表是先将被测电压进行检波，然后再将检波后的信号进行放大。这样通过电流表的平均电流 I_{av} 正比于被测电压 V_{av} 的平均值。由于正弦波应用广泛，且有效值具有实用意义，所以交流电压表通常都按正弦波有效值刻度。

为了便于讨论晶体管毫伏表由于波形不同所产生的误差，先引入波形因数 K_F 这一概念。K_F 定义为

$$K_F = \frac{有效值}{平均值}$$

正弦波的 K_F 约为 1.11。由此可知，用晶体管毫伏表测量非正弦波电压时，因各种波形电压的 K_F 值不同，将产生较大的波形误差。当用晶体管毫伏表分别测量方波和三角波电压时，若电表均指示在 10V 处，就不能简单地认为此方波、三角波电压的有效值就是 10V。因为这只是正弦波的有效值，其平均值 $V_{av} \approx 0.9 \times 10 = 9V$。

使用交流电压表还必须注意下列问题：

① 被测电压的频率应在交流电压表的频率范围内。例如，DA-16 型晶体管毫伏表的

频率范围为 20Hz~1MHz，因此被测电压的频率应在 20Hz~1MHz 的范围内。

② 要有较高的输入阻抗。这是因为测量仪器的输入阻抗是被测电路的负载之一，它的大小将影响测量精度。

③ 需要正确测量失真的正弦波形或脉冲波形的有效值时，可选用真有效值电压表，如 DA-24 型。

3.2.2 数字频率计

如图 3.18 所示是数字频率计的原理方框图，如图 3.19 所示是各相应点的波形示意图。

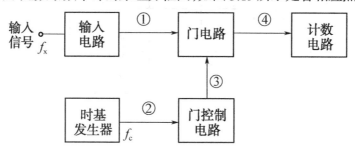

图 3.18　数字频率计原理方框图

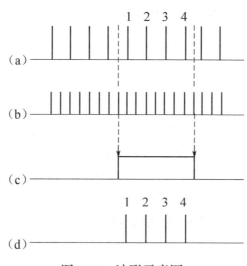

图 3.19　波形示意图

其工作原理简述如下。

输入电路对被测信号进行放大、整形，使其成为与输入信号同频率的脉冲波形，如图 3.19（a）所示。如图 3.19（c）所示为在高电平的时间内，门电路打开。如图 3.19（a）所示的信号通过门电路输出，控制信号为低电平时，门电路关闭，无输出。如图 3.19（d）所示为门电路的输出波形。计数电路对如图 3.19（d）所示的脉冲个数进行计数。开门时间一般为 1ms、10ms、100ms、1s、10s 等。显然，开门时间为 1s 时，计数值就是输入信号的频率数，开门时间的准确度由时基发生器予以保证。

3.2.3　注意事项

使用仪器时，应注意以下事项。

（1）了解使用仪器的技术指标、工作原理图和实验中要用到的各个旋钮开关的作用。

（2）正确选择量程和调节仪器，使仪器处于测试本数据的最佳状态。

（3）注意实验中仪器的共连问题。实验中有时需要用到多个电源，那么就存在共连的问题，共连并不总是把用到的仪器的地线连接起来。例如，实验中要用到两个电源，如果是给实验中的测试对象的两部分电路分别供电，那么这两个电源的地线就应该连起来；但如果想要用这两个电源串联来获得更高的电压，那么只能是一个电压源的地线和另一个电压源的正极线连起来，可见共连问题在具体的实验中有具体的连法。

3.3　万用表

3.3.1　概述

本节主要介绍指针式万用表，最后简单介绍一下数字万用表。万用表是一种多功能的电子测量表，通过切换开关来选择相应的功能，测量结果可在表头上显示出来，当然不同的功能对应表头上不同的读数区。数字式万用表在显示屏上直接显示所测得的数据，使用起来比较方便，可以把人为误差减小到最低程度，读数的精度也比较高。

3.3.2　MF-30 型指针式万用表

MF-30 型指针式万用表（如图 3.20 所示），是一种高灵敏、多功能、多量程的便携式万用表，测量时水平放置，可测量直流电压、电流，以及交流电流、电压和电阻。

下面介绍面板上各个旋钮的功能。

在表头的中间有一个旋钮，叫做机械归零旋钮，调节这个旋钮可使表上的指针与零线对齐，一般出厂的时候已经调好，不需要频繁地调节。

面板上标注"+"、"-"的两个端子分别用于连接红表笔和黑表笔，红表笔表示输入表内的是正极性信号，黑表笔表示输入的是负极性信号。但是用来测电阻的时候，内部电流从黑表笔处流出，从红表笔处流入，这在测试一些有极性的元件时要特别注意。

面板上方有一个调零电位器，用于测电阻时的调零，每换一个欧姆挡都要调节这个电位器。使表笔短接时，指针应与最右端刻度对齐，否则测得的电阻值不准确。

表 3.2 列出了电子仪器中的常用符号及其意义。

图 3.20　MF-30 型指针式万用表

表 3.2　电子仪器中的常用符号及其意义

类　别	符　号	表 示 意 义	类　别	符　号	表 示 意 义
波形类别与限值	———	直流	作用原理		磁电式仪表
	～	交流			磁电式流比计
	≂	交直流两用			整流式仪表（有效值表示）
	45～55Hz	限定使用的频率范围			电磁式仪表
端钮	＋　—	正、负极性			电动式仪表
	✳	公共端			电磁式有磁屏蔽
安放位置	⊓	标度尺水平			电动式有磁屏蔽
	⊥	标度尺垂直			感应式仪表

类 别	符 号	表 示 意 义	类 别	符 号	表 示 意 义
准确度	⓪.⁵ (0.5)	±0.5%	作用原理	(静电符号)	静电式仪表
	0.5			(热电符号)	热电式仪表
绝缘试验	☆2	试验电压 2kV	使用条件	⚠!	警告 按说明书要求使用
防磁能力	Ⅱ	防御外磁场能力 第Ⅱ级		△B	B组使用条件

指针式万用表主要技术指标如下。

（1）测量直流电压范围：1~500V，分为5挡，分别是1V、5V、25V、100V、500V。

（2）测量交流电压范围：10~500V，分为3挡，分别是10V、100V、500V。

（3）测量直流电流范围：5~500mA，分为3挡，分别是5mA、50mA、500mA。

（4）测量交流电流范围：50~500μA，分为2挡，分别是50μA、500μA。

（5）电阻测量分为5挡：×1、×10、×100、×1k、×10k。

万用表的电压挡、电流挡具有线性，即实际的输入值和指针偏转的角度成正比，所以原则上电压电流的输入值都可以用表头上指针对应刻度线上的显示值乘以相应的倍率得到。假设现在使用直流电压挡100V，显示值是425，则实际电压是425/500×100=85V。

3.3.3 数字万用表

下面再对数字万用表做简单的介绍。数字万用表具有非常大的内阻（兆欧），这样测量时对被测电路的影响几乎可以忽略。数字万用表用数字的方式显示，不存在人为读数误差，并且一般的数字万用表可直接显示所用量程，这样对测量来说是相当方便的。

下面介绍 DT840 数字万用表（如图 3.21 所示）。

这种万用表采用层叠 9V 电池供电，对电池的要求较高。其显示为三位半，也就是说共有四位显示位，但最高位只能显示 0 和 1。它可以测量交直流电压和电流、电阻、二极管，以及三极管和电路的通断，具有全量程过载保护，当测试量超过量程的时候液晶面显示为 1。

数字万用表的主要性能及面板介绍如下。

（1）直流。电压：200mV~1 000V；电流：20μA~20A。

（2）交流。电压：200mV~700V；电流：20μA~20A；工作频率：40~400Hz。只有正弦交流信号得到的结果是准确的。

（3）三极管。可测放大系数 h_{FE}：0~1 000。

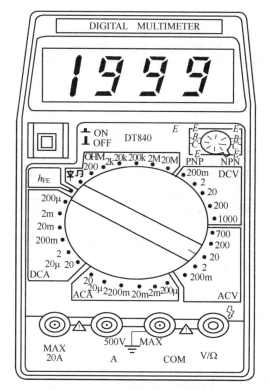

图 3.21　DT840 数字万用表面板

（4）显示。最大显示为 1 999，这里的数值没有考虑单位。

（5）面板。面板的中间部分是万用表功能选择区，如 DCA 即表示是测量直流电流信号，如果显示为 1，则把挡位向大的方向调节；挡位指向 h_{FE} 的时候，把三极管插到右上角插孔处，可分别测量 PNP 管和 NPN 管；挡位打到"⊥⊐"处，可用于测试二极管的正、负极和电路的通断性，如果电路是通的，万用表会发出声音。最下面四个输入端子中黑表笔始终位于标记"MAX，500V"处，测量电压和电阻的时候红表笔插入该标记，电流小于 2A 的时候红表笔用左二端子。

3.4　信号发生器

3.4.1　概述

信号发生器是用来产生正弦信号、方波信号、三角波信号及其他各种不同波形和频率信号的仪器。

按频率范围划分，信号发生器可分为低频信号发生器和高频信号发生器。

按波形不同划分，信号发生器可分为正弦信号发生器和多谐信号发生器，如方波信号发生器、三角波信号发生器都属于多谐信号发生器。

3.4.2　正弦波振荡器的工作原理

正弦波振荡器是利用放大电路的自激现象制成的，它可以在没有外部输入信号的情况下，输出具有一定频率和幅值的正弦信号。

正弦波振荡器按产生振荡作用的原理不同，可分为反馈式振荡器和负阻式振荡器两种。

正弦波振荡器通常由一个基本放大电路和一个正反馈网络组成。为了使振荡电路能够输出单一频率的正弦波，电路中还应有选频网络。

正弦电路振荡的条件应包括起振条件和平衡条件。

1．起振条件

振荡电路在开始工作时，原始输入信号是在电源接通的瞬间，由振荡电路中的电扰动信号（如电压、电流的突变及电元件的热噪声等）产生的。电路中的选频网络从电扰动信号中选出与振荡频率相同的正弦信号，通过反馈网络反馈至振荡电路的输入端，作为初始激励信号，经过放大→反馈→再放大→再反馈的循环过程，使信号幅值由小到大不断增强。在起始过程中，反馈信号与输入信号相位相同，而振幅不断增大，即反馈信号的振幅应大于原输入信号的振幅。

2．振荡的平衡条件

振荡的平衡条件是指振幅平衡和相位平衡，即振荡器的反馈电压应与放大器的输入电压大小相等，相位相同。在起始过程中，反馈信号与输入信号相位相同，振幅不断增大；而随着信号输出幅值的不断增大，反馈电路的反馈幅值将逐渐减小。当反馈信号幅值与放大电路输入信号的幅值相等时，振荡器满足了振幅平衡和相位平衡的条件，振荡电路将输出一个频率和振幅都不变的正弦信号。

正弦波振荡器主要包括 LC 振荡器、RC 振荡器和石英晶体振荡器三种。

LC 振荡器主要用于高频电路。它的选频网络通常是由 LC 谐振电路构成的。常用的 LC 振荡电路有变压器反馈式、电容反馈三点式和电感反馈三点式三种。

RC 振荡器一般用于低频电路。其选频网络由电阻电容串并联构成。常用的 RC 振荡器有 RC 串并联网络（文氏电桥）振荡器、RC 移相式振荡器和双 T 式振荡器。

石英晶体振荡器是一种高精度的振荡器。该电路一般由石英晶体和电容等构成选频网络，电路的振荡频率就是石英晶体的固有频率。

3.4.3　XD-22 型低频信号发生器简介

本节介绍的 XD-22 型低频信号发生器（如图 3.22 所示）是一种多功能、宽频带低频信号发生器，能产生 1Hz～3MHz 的正弦波信号、脉冲信号和逻辑电平信号（TTL）。其

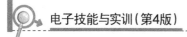
有效输出电压为 0.05mV ~ 6V。

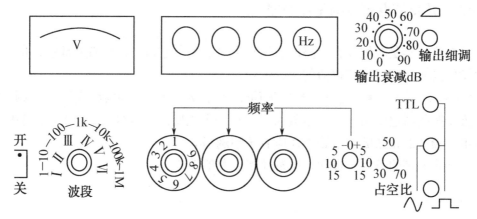

图 3.22　XD 低频信号发生器

XD-22 型低频信号发生器的主要性能指标如下所述。

1．频率

XD-22 型低频信号发生器的可输出频率范围为 1Hz ~ 3MHz（针对正弦波）。当工作于 1Hz ~ 10kHz 波段时，频率误差小于 ± 0.015f；大于该波段时，频率误差小于 ± 0.02f。这里的 f 为使用的正弦波的显示频率。

2．正弦波状态

XD-22 型信号发生器产生正弦波信号时，电压表的最大基本误差小于 5%；频率失真度小于 0.1%；幅度可达 6V。

3．脉冲信号状态

XD-22 型信号发生器产生脉冲信号时，幅度 0 ~ 10V 可调；宽度可调；占空比为 30% ~ 70%可调（占空比是指一个周期中信号宽度所占的比重）；上升下降时间小于 0.3μs；顶部倾斜：f=100Hz 的时候小于 5%。

4．TTL 信号

TTL 信号是一种正极性方波信号，幅值高电平范围为（4.5 ± 0.5）V；低电平范围为 ± 0.3V；负载可达 25mA。

3.4.4　面板旋钮及功能

1．电压表和频率显示计

面板上方是一个电压表和频率显示计。电压表在"输出衰减 dB"旋钮置于"0"时输出的是电压值。当有衰减的时候输出电压小于显示值，具体的有："输出衰减 dB"旋钮置于"20"时输出电压是显示值的 1/10；置于"40"的时候是显示电压的 1%。

2．波段选择旋钮

波段选择旋钮可选择 6 个波段。在输出正弦信号的时候，它用于指明频率显示计显示频率的波段，3 个频率选择旋钮每个都有 10 挡，配合"输出微调"旋钮可使输出正弦信号的频率连续变化。右下角竖着的 3 个输出端子用于输出方波、正弦波和 TTL 三种信号。"占空比"和电压选择旋钮是针对方波信号的。

3．注意事项

（1）信号发生器在接通电源后要有一个热机过程，这时输出的信号可能不准确，建议开机后等待几分钟再使用，并且不要把微调开关在开机时置于最大位置。

（2）输出信号的选择由旋钮开关选择，开关置于左侧时输出正弦信号，置于右侧时输出方波信号和 TTL 信号，即这两个输出信号是由一个开关点控制的。本信号发生器可同时输出 TTL 和方波信号。

（3）除正弦波外，电压表和频率计没有任何意义。底下的电压选择旋钮只对方波信号适用。

（4）输出电缆为（1±0.1）m 较为适宜，过长或过短都会引入额外误差。

3.5 双踪示波器

3.5.1 概述

示波器是用来测量和显示周期电压波形的仪器。利用示波器，可以直接看到被测信号的波形、幅值、周期、脉冲宽度及相位等参数。所以，它是电子测量中不可缺少的工具。最常见的示波器有单踪示波器和双踪示波器两种。

3.5.2 示波器的工作原理

示波器是一种利用电子射线示波管把输入的电信号转换成为一种可见光图形的仪器。其显示原理简述如下。

（1）简单示波器方框图。一般示波器包括 Y 轴偏转系统、X 轴偏转系统和主机三大部分，其结构方框图如图 3.23 所示。

在此系统中，Y 轴偏转系统的作用是把输入的被显示信号进行衰减或放大以作为示波管垂直偏转板的驱动信号。X 轴偏转系统的作用是放大或衰减一个与输入信号头部相同的锯齿波信号以作为示波管水平偏转板的驱动信号。而主机的作用则是为示波

管正常工作提供所需的电压和电流。

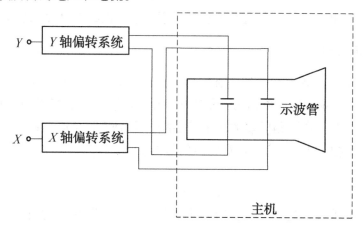

图 3.23　示波器结构方框图

（2）电子射线示波管的工作原理。电子示波器的重要元件之一是电子射线示波管，它的作用是把所观察到的电压变换成发光图形。

静电式示波管的构造如图 3.24（a）所示。

①　电子枪：能发射高速的、很细的电子束。

②　偏转板：用于控制电子束，使电子束能按外加电压（观察对象）的变化偏转。

③　荧光屏：用于产生显示波形的，当电子束打上去时，屏上被打的部分便发出亮光。当电子束按外加变化电压偏转时，就能在荧光屏上绘出一定的波形。

电子枪包括灯丝、阴极、控制栅极、第一和第二阳极（有的示波管还有第三阳极）。阴极加热后发射的电子，受到第一阳极上正电压的吸引，穿过控制栅极中心的小孔，形成细的电子束。栅极电位较阴极为负，调节栅极电压可控制电子流的大小。

由栅极小孔出来的电子束被具有正电压的第一阳极（它的电位对阴极一般为几百伏）加速。第一阳极也是中间具有小孔的圆筒状电极，电子束穿过该电极的中心孔经第二阳极再次加速，因此打在荧光屏上的电子有足够的能量在屏上形成光点。当第二阳极电压一定时，光点的亮度取决于电子束的电流密度。当栅极电位负值不大时，可得到较强的电子束，荧光屏上的光点较亮；栅极电位变负时，电子束减弱，光点较暗；栅极电压负到一定程度时，电子束被切断，荧光屏上无光点。所以，调节栅压大小可以改变屏上光点的亮度。

为了保证荧光屏上的光点很小以得到清晰的图形，电子束要保持很细。利用第一阳极和第二阳极之间相对电位形成的电场，可以把企图散开的电子束聚成细束。改变第一与第二阳极之间的相对电位，就可以改变聚焦的情况。

电子束自电子枪中射出以后进入偏转区。在这一区域内，电子束受到加于两对偏转板上的电压所形成的静电场的影响，可以向水平（X 轴）和垂直（Y 轴）方向偏转，偏转的大小与每对偏转板间的电压成正比。这样的偏转称为静电式偏转，所以这样的管子称为静电式示波管。如果在垂直偏转板（Y 轴偏转板）上加被测电压，水平偏转板（X 轴偏转板）上加随时间增长而线性增加的电压，则由于电子束在垂直运动的同时，又以等速度沿水平方向移动，所以可以在荧光屏上扫出被测电压（随时间变化）的波形。如图 3.24（b）所示为 Y 轴偏转板上加正弦波电压，X 轴偏转板上加锯齿波电压所形成的波形。锯齿波电压是一个随时间的增长而线性地增长，然后又突然下降的周期性电压，它的作用在于使电子束在每一周期向水平方向扫描一次，因而又称为扫描电压。在图 3.24（b）中，正弦波电压与扫描电压的周期相等，正弦波变化一个周期，则光点扫描一次。所以，电子束在每一周期里能在荧光屏上扫出一个正弦波波形。

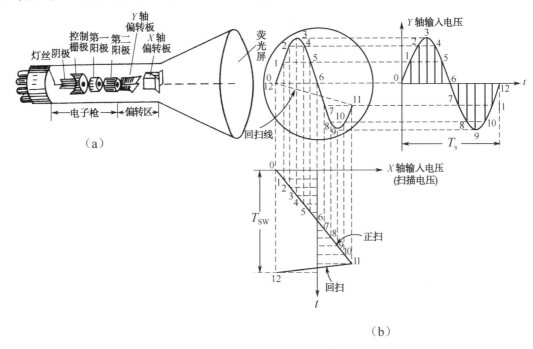

图 3.24　电子示波器的工作原理

示波管顶部的玻璃内壁，涂有一层荧光剂而形成荧光屏，使电子射到荧光屏时发生光点。荧光的颜色视荧光剂的种类而异，通常有绿色、蓝色和白色等。

荧光屏的某一点上，虽无电子继续撞击，但该点尚能延续发光一段时间，这种现象称为示波管的发光延续性。它是示波管的一个重要指标，可分为三类，即短延续性：延续发光时间 $1\mu s \sim 1ms$；中延续性：$1.2ms \sim 1.2min$；长延续性：$1.2min$ 以上。电子打在荧光屏上，除了发光外，一部分动能还会产生二次电子发射，这些电子被加速阳极电压吸引，构成电子束电流的通路，但大部分动能都转变为热能。如果电子打在屏上同一点的时间太久，将使该点产生高温而损坏，以后就会在该处留下不能发光的斑点。所以，在使用电子示波器时，切忌将亮的光点长时间停留在某一点上。

要在荧光屏上观察随时间变化的电压波形，X 轴偏转板上应加上锯齿波电压。如果欲使屏上显示的波形稳定不动，扫描电压的周期 T_{sw} 必须是被测电压周期的整数倍，如图 3.24（b）所示为扫描周期 T_{sw} 等于被测电压周期 T_s 的情况。第一个扫描周期内，在 $0 \sim$

11 时刻里，屏上显示出被测电压波形（一个周期不到）。在 11～12 时刻里，锯齿波回扫，电子束回到荧光屏的最左边。随之，第二个扫描周期立即开始，荧光屏开始扫描出第二个周期的被测电压波形。因为每次扫描周期与被测信号电压周期完全相等，每次显示的图形完全重合，所以都能够在荧光屏上看到稳定不动的图形（波形）。如果 T_{sw} 与 T_s 不完全相同，则第一个周期里在荧光屏上扫描出的波形与第二个扫描周期扫描出的波形不重合，荧光屏上看到的波形就会不停地移动，如图 3.25 所示。

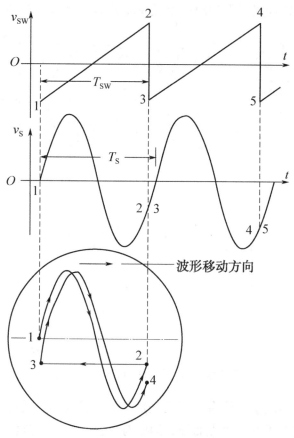

图 3.25　波形不稳定的情况

如果要在荧光屏上看出两个周期的被测电压波形，则应增大扫描周期（降低扫描电压频率），使 $T_{sw}=2T_s$。总之，要在荧光屏上看到稳定的被测电压波形，扫描电压的周期应为被测电压周期的整数倍。

3.5.3　SR-8 型双踪示波器面板上旋钮、开关功能简介

下面介绍 SR-8 型双踪示波器面板（如图 3.26 所示）常用旋钮、开关的功能。

（1）显示部分

辉度旋钮：顺时针转动该按钮，辉度变亮；反之则辉度变暗直至消失。

聚焦和辅助聚焦旋钮：反复调节这两个旋钮，可使屏幕上显示的线条清晰。

寻迹按键：按下该键，能使偏离屏幕的光迹回到显示区域。

标准信号输出插孔：可输出频率为 1kHz、幅值为 1V 的校准方波信号。

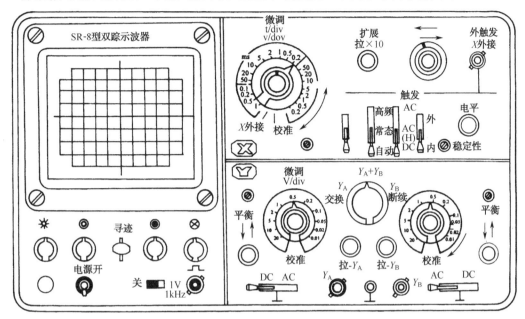

图 3.26　SR-8 型双踪示波器

（2）Y 轴系统

① Y 轴系统共有以下 5 种显示方式。

• 交替：同时显示两个通道的输入信号，一般用于显示频率较高的信号。

• Y_A：显示通道 A 的信号波形，作为单踪示波器使用。

• Y_B：显示通道 B 的信号波形，作为单踪示波器使用。

• $Y_A + Y_B$：用于显示两个输入通道信号叠加后的波形。

• 断续：可同时显示两个通道的输入信号，一般用于显示频率较低的信号。

② 极性拉—Y_A 开关：按下时，显示 Y_A 通道的输入信号；拉出时，显示倒相的 Y_A 信号。

③ 内触发拉—Y_B 开关：这是内触发源选择开关。开关按下时作为单踪显示，开关拉出时可比较两信号的相位和时间的关系。

④ V/div 微调旋钮：用于垂直输入灵敏度选择及其微调。可根据被测信号的幅值，选择适当的挡级位置。当"微调"旋钮顺时针方向旋到底时，即为"校准"位置，此时挡级的标称值为垂直输入灵敏度。

（3）X 轴系统

① t/div 微调旋钮：该旋钮用于扫描时间选择。旋钮采用套轴形式，黑色为粗调，红色为微调。"微调"顺时针方向旋到底为校准位置。

② 扩展拉×10开关：这是扫描扩展开关。按下为常态；拉出时，X轴的扫描速度扩大10倍。

③ 内、外开关：这是触发源选择开关。置于"内"时，触发信号取自本机的Y通道；置于"外"时，直接由同轴插孔输入的信号作为触发信号。

④ AC、AC（H）、DC开关：这是触发信号耦合开关。

⑤ 高频、常态、自动开关：这是触发方式开关。高频在观察高频信号时选用；常态在观察脉冲信号时选用；自动在观察低频信号时选用。

 习题3

1. 什么是误差？误差产生的原因有哪些？

2. 什么是绝对误差？什么是相对误差？什么是基本误差？

3. 电子测量中的主要干扰源有哪些？

4. 什么是串模干扰？什么是共模干扰？

5. 接地在电子测量中的作用是什么？

6. 测量仪器的阻抗对测量结果有什么影响？

7. 常用的直流数字电压表有哪几种？它们各自的特点是什么？

8. 指针式交流电压表有哪几种？

9. 说明数字频率计的工作原理。

10. 简要说明MF-30万用表的主要技术指标。

11. 简要说明DT840数字万用表的主要功能。

12. 简要说明XD低频信号发生器的主要功能。

13. 简要说明SR-8型双踪示波器面板上主要旋钮和开关的功能。

14. 示波器中触发内、外选择开关的作用是什么？

15. 说明显示方式开关"交替"、"Y_A"、"Y_A+Y_B"、"Y_B"、"断续"中各方式的作用。

第4章

焊接和元器件装配

目前在电子设备的大规模生产中，焊接和元器件装配已不再需要由人工来完成。但在电子设备的试制和维修过程中，仍然需要人工焊接及拆焊。元件的焊接和装配是一项重要的技术和工艺，元件焊接的质量将直接影响电子设备的工作性能和寿命。本章将简单介绍焊接和元件装配中所要用到的仪器及一些注意事项。

4.1 电烙铁

4.1.1 电烙铁的分类

电烙铁是用于熔化焊锡、熔接元件的一种工具，根据烙铁芯与烙铁头位置的不同可分为内热式和外热式两种。

1. 外热式电烙铁

外热式电烙铁如图 4.1 所示，按照图中组成部件的编号，它依次由烙铁头、烙铁头固定螺钉、外壳、木柄、后盖、插头、接缝和烙铁芯组成。因为烙铁头放在烙铁芯内，故称为外热式。烙铁头是由紫铜做成的，具有较好的传热性能。烙铁头的体积、形状、长短与工作所需的温度和工作环境等有关。常用的烙铁头有方形、圆锥形、椭圆形等。

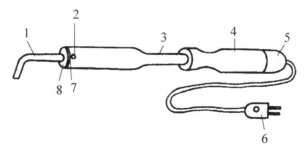

1—烙铁头；2—烙铁头固定螺钉；3—外壳；4—木柄；
5—后盖；6—插头；7—接缝；8—烙铁芯

图 4.1 电烙铁外形

烙铁头的温度可以通过烙铁头固定螺钉来调节。外热式电烙铁的规格有多种，常用的有 25W、45W、75W、100W 等，但其热利用率相对内热式要低得多，如 40W 的外热式电烙铁只相当于 20W 的内热式电烙铁。

2. 内热式电烙铁

内热式电烙铁由手柄、连接杆、弹簧夹、烙铁头、烙铁芯等组成。烙铁芯被烙铁头包起来，故称为内热式。烙铁头的温度也可以通过移动烙铁头与烙铁芯的相对位置来调节。内热式电烙铁发热快、热效率高、体积小、重量轻，故目前应用得较多。

3. 吸焊电烙铁

吸焊电烙铁用于对焊点进行拆焊，主要由含电热丝的外壁、弹簧及柱状内芯组成。使用时，挤压内芯使弹簧变型，待焊点熔化后，按下卡住内芯的按钮，弹簧迅速恢复形变，弹起内芯，在吸锡口形成强劲气流，将熔化的焊料吸走，以便拆卸元件。

4. 气焊烙铁

气焊烙铁采用液化气、甲烷等气体燃烧来加热，适合在供电不方便的地方使用。

4.1.2 电烙铁的正确选用和使用方法

在焊接的时候为了不产生虚焊、不伤及电路板和元器件，必须根据被焊接焊件的大小、位置、质地选择不同形状、不同功率的电烙铁并掌握不同电烙铁的握法。下面先介绍电烙铁的选用。

如果电烙铁的功率太小，则焊料熔化过程慢，焊剂不易挥发，产生的焊点不光滑甚至出现虚焊点。直观上人们看到的焊点会是馒头状，沾有很多的锡，但其焊接面比较小，焊件很容易被拔下来，这在工程上是不允许的。但如果电烙铁的功率过大，烙铁头温度就会过高，这样一方面会使得焊料在焊接面上流动太快而很难控制；另一方面会导致焊件过热而被损坏。

电烙铁的选用可参考以下几个原则：

（1）烙铁头顶端温度要根据焊料的熔点而定，一般比焊料熔点高出 30～80℃为宜。

（2）烙铁头的形状要与被焊接物件的要求和电路板装配密度相适应。通常，尖头适合小功率焊件，椭圆形焊头用于一般的焊接。

（3）按照焊件的不同来选择烙铁的功率：集成电路适合采用 20W 以下的内热式电烙铁；焊接较粗电缆及同轴电缆时可选用 50W 以下内热式或 45～75W 的外热式电烙铁；至于焊接金属底盘等较大元件，则应考虑采用 100W 以上的外热式电烙铁。

下面介绍电烙铁的握法。电烙铁的握法通常有 3 种，即反握法、正握法和握笔法，如图 4.2 所示。

反握法是用五指把电烙铁握在掌内，适合大功率却又不需要很仔细焊接的大型焊件。

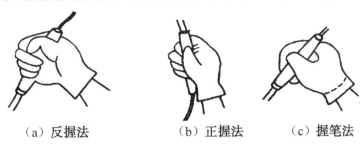

（a）反握法　　　　　（b）正握法　　　　　（c）握笔法

图 4.2　电烙铁的正确握法

正握法与反握法相反，刚好把烙铁转个向，适合竖起来的电路板焊接，一般在需要较大功率的电烙铁时才采用。

握笔法适用于小功率电烙铁和小型的焊件。

下面介绍电烙铁使用中的注意事项。

（1）新买的电烙铁，或者使用时间较长，烙铁头出现凹坑等情况的电烙铁，需要用锉刀挫成所需形状；然后通电，使烙铁头在温度刚能熔锡时，涂上一层松香，然后涂一层焊锡。如此进行二三次，烙铁就可以使用了。现在有些高级的烙铁买回来就已经涂上了一层锡，那就不需要这个过程了，但一般这类烙铁的涂层脱落后无法再继续使用。

（2）在焊接过程中发现温度略微过高或过低，可调节烙铁头的长度，外热式需松开紧固螺丝，内热式可直接调节。

（3）在用电烙铁焊接过程中，如果较长时间不使用烙铁，最好把电源拔掉；否则会使得烙铁芯加速氧化而烧断，同时烙铁头上的焊锡也会因为过度氧化而使烙铁头无法"吃锡"。

（4）更换烙铁芯时，要注意电烙铁内部的三个接线柱，其中有一个是接地线的，该接线柱应与地线相连。

如果在使用时发现电烙铁不热，应先检查电源是否打开了。如是打开的，则切断电源，拧开电烙铁先查看电源引线是否断了；然后用万用表检测电热丝是否烧断，如果测得的电阻值在 2.5kΩ左右则表明电阻丝是好的。通常，如果其他都是正常的，那么电阻丝出问题的可能性较大。更换烙铁芯时，先将固定烙铁芯的引线螺钉松开，卸下引线后，再把烙铁芯从连接杆中取出，然后把相同规格的烙铁芯装进去。注意，在用引线螺丝固定好烙铁芯后，必须把多余的引线头剪掉，否则极易引起短路或使烙铁头带电。

4.2　焊料和焊剂的选用

4.2.1　焊料

焊料一般用熔点较低的金属或金属合金制成，前面讲到的焊锡其实就是焊料的一种，只是现在这种焊料用得较多。使用焊料的主要目的是把被焊物连接起来，对电路来说构成一个通路，所以对焊料有以下几个要求：

（1）焊料的熔点要低于被焊接物。

（2）易于与被焊物连成一体，且应具有一定的抗压能力。

（3）导电性能较好。

（4）结晶的速度要快。

焊料有多种型号，根据熔点的不同可分为硬焊料和软焊料；根据组成成分不同可分为锡铅焊料、银焊料、铜焊料等。

常用的锡铅焊料俗称焊锡，主要由锡和铅组成，还含有锑等成分。这些金属的配比不同会使组成焊料的性能有较大的差异。表 4.1 列出了配比与熔点的关系。

表 4.1　金属配比和熔点对应表

成分 熔点（℃）	锡（%）	铅（%）	镉（%）	铋（%）
145	50	32	18	-
150	35	42	-	23
182	60	32	-	-

下面介绍常用锡铅焊料及其应用领域，具体见表 4.2。

表 4.2　锡铅焊料与用途

型　　号	牌　　号	熔点（℃）	用　　途
10	H1SnPb10	220	钎焊食品器皿及医药方面的物品
39	H1SnPb39	183	钎焊电子、电气制品
50	H1SnPb50	210	钎焊散热器、计算机、黄铜制品
58-2	H1SnPb58-2	235	钎焊工业及物理仪表
68-2	H1SnPb68-2	256	钎焊电缆铅护套、铅管
60-2	H1SnPb60-2	277	钎焊油料容器、散热器
90-6	H1SnPb90-6	265	钎焊黄铜和铜制件
73-2	H1SnPb73-2	265	钎焊铅管

现在使用的焊锡内部一般都已经加有固体焊剂松香，所以看到的焊锡都不是实心的。常见的焊锡直径有 4mm、3mm、2.5mm 和 1.5mm 等。

4.2.2 助焊剂

1. 助焊剂的作用

助焊剂和在印制电路板设计和制作中涉及的阻焊剂的作用刚好相反，它是帮助被焊物和焊料之间的焊接的。在焊接过程中，金属表面如果有氧化物或杂质，会阻碍焊锡和被焊物之间的合金反应，也会使形成的焊点被氧化，这是用户所不希望看到的。助焊剂一方面会在焊接过程中清除氧化物和杂质；另一方面会在焊接结束后保护刚形成的温度较高的焊点，使其不被氧化。这就是助焊剂能实现的两个重要的作用。此外，助焊剂还具有以下几个作用。

（1）帮助焊料流动，焊料和助焊剂是相溶的，这将会加快液态焊料的流动速度。

（2）能加快热量从烙铁头向焊料和被焊物表面传递。一般使用的助焊剂的熔点要比焊料低，所以在加热过程中应先熔化成液体填充间隙湿润焊点。在此过程中一方面清除氧化物和杂质，另一方面传递热量。

2. 助焊剂的分类

助焊剂分为无机、有机和树脂三大系列。常用的松香即属于树脂系列，表4.3列出了常用助焊剂及其性能。

表 4.3　常用助焊剂和性能

品　　种	松香酒精焊剂	盐酸二乙胺焊剂	盐酸苯胺焊剂	201 焊剂	SD 焊剂	202-2 焊剂
绝缘电阻（Ω）	8.5×10^{11}	1.4×10^{11}	2×10^{9}	1.8×10^{10}	4.5×10^{9}	5×10^{10}
可焊性能	中	好	中	好	好	中

（1）无机助焊剂。这一类助焊剂主要由氯化锌、氯化铵等混合物组成，助焊效果较理想，但腐蚀性大。如果对残留物清洗不干净，将会破坏印制电路板的绝缘性。俗称焊油的多为这类焊剂。

（2）有机焊剂。有机焊剂多为有机酸卤化物的混合物，助焊性能也较好，但具有有机物的特性，遇热分解，有腐蚀性。

（3）树脂焊剂。树脂焊剂通常从树木的分泌物中提取，属于天然产物，不会有什么腐蚀性。松香是这类焊剂的代表。目前有一种常用的松香酒精焊剂是用松香溶解在无水酒精中形成的，松香占 23%～30%。它具有无腐蚀性、绝缘性能好、稳定和耐湿等优点，且易于清洗，能形成焊点保护膜。

3．助焊剂的选用

（1）如果电子元件的引脚及电路板表面都比较干净，可使用纯松香焊剂，这样的焊剂活性较弱。

（2）如果电子元件的引脚及焊接面上有锈渍等，可使用无机焊剂。但要注意，记得在焊接完毕后清除残留物。

（3）焊接金、铜、铂等易焊金属时，可使用松香焊剂。

（4）焊接铅、黄铜、镀镍等焊接性能差的金属和合金时，可选用有机焊剂的中性焊剂或酸性焊剂，但要注意清除残留物。

4.3 元件的装配和焊接工艺

4.3.1 元件装配

为了保证产品质量，在印制电路板上进行元件装配时，必须严格遵守操作规程。首先，要检查使用的元器件是否是好的，是否能够在预定的使用期限内正常工作。在电子器件装配、焊接后，还需要检测其是否能完成预定的功能。所以正常的元件装配需要有以下流程：元器件检测、老化筛选、元器件成型（使元件的引脚和印制电路板上对应孔距相配合）、元件插装、焊接和成品调试等。

1．元器件和导线的焊前加工

如果拿到的元器件引脚和裸露导线的表面有杂质、氧化物等，需用工具把这类东西除去。一般使用小刀等锋利工具，但注意不要把引线、导线等弄断，也不要把原来的涂层刮掉。然后再上锡，这和4.1.2节介绍的电烙铁第一次使用时的上锡过程是一样的。

下面分别介绍多股导线和同轴电缆的端头处理。

（1）多股导线。多股导线的内部有多根细的芯线，芯线较容易被弄断。焊接多股导线时，首先要用剥线钳剥离导线的绝缘层，要正确选择口径合适的剥线钳；接着需要把多股导线的线头进行捻头处理，即按芯线原来的捻紧方向继续捻紧，使其成为一股，然后再上锡。

（2）同轴电缆。同轴电缆具有四层结构，最外层是绝缘层；接着是金属网层，亦叫作屏蔽层，由金属线编织而成；第三层是绝缘体，具有一定的厚度，一般由塑料等有机物制成，用于隔离屏蔽层和最内部的金属导线。

对同轴电缆端头的处理方法：首先剥掉最外层的绝缘层；接着用镊子把金属编织线根部扩成线孔，剥出一段内部绝缘导线，把根部的编织线捻紧成一个引线状，剪掉多余部分；然后切掉一部分内绝缘体，露出导线，注意在切除过程中不要伤到导线；最后给导线和金属编织网的引线上锡。

2．元器件的成型

虽然印制电路板上的元件插孔是根据元件的具体形状安排的，但在元件插上去的时候还需要做一些调整。例如，新的电阻器一般呈直线状，在放到电路板上去的时候肯定需要处理引脚。大规模生产时，元器件成型多采用模具成型；平常则可以用尖嘴钳或镊子成型。如图 4.3 所示为元器件成型示意图。

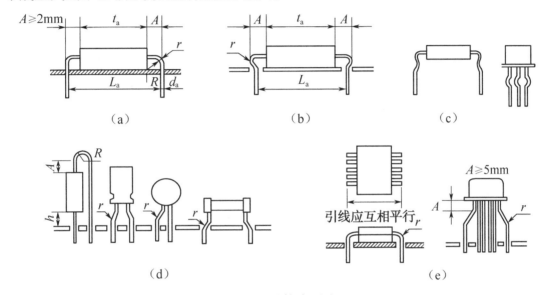

图 4.3　元件成型法

注意，在手工成型过程中任何弯曲处都不允许出现直角，即要有一定的弧度，否则会使折弯处的导线截面变小，电气特性变差。

如图 4.3（a）所示是引线的标准成型方法，要求引线打弯处距元件根部大于 2mm，半径 r 大于元件的直径的两倍，元件根部和插孔的距离 R 大于元件直径。如图 4.3（b）所示是在元件和插孔不符的情况下采用的一种方法，这种做法一般是在维修或自己制作时采用，正规产品中是不能出现的。如图 4.3（c）所示为适用于焊接时受热易损的元件。如图 4.3（d）所示是垂直插装时的成型方法，一般是电路板元件密度较大时采用，要求 h、A 均大于 2mm，R 大于元件直径。如图 4.3（e）所示是集成电路的成型方法，要求 A 大于 5mm。

3．元器件的插装和排列

（1）插装。元件的插装一般有卧式和立式两种。卧式插装是将元件水平地紧贴在印制电路板上，也称为水平插装。这种插装稳定性好、容易排列、维修方便。立式插装的优点是元件密度大、拆卸方便，非轴向电容器和三极管多采用这种方法。而电阻器、轴向电容器、半导体二极管常采用卧式插装。下面介绍一些特别元件的安装。

① 变压器。变压器一般本身带有固定脚，安装时把固定脚插入印制电路板上对应的孔位，然后焊接即可。大型的电源变压器一般都不放在电路板上，如果需要放在电路板上则要用螺钉将其固定，螺钉上要加弹簧垫圈。在这里提出一点，这类变压器的插孔在设计时一般都要放在电路板的边上，最好靠近电路板的固定处，否则电路板受压过大，易被折断。

② 大电容器。较大的电容器可用弹性夹固定在电路板上。

③ 磁棒。磁棒一般用塑料支架固定，将支架插到电路板上的对应位置，从反面将塑料熔化，冷却固定，然后再把磁棒套进去，一个磁棒可用多个支架固定。

（2）排列。要求有数据的面在上面，排列时要求方向一致。比如在垂直方向上所有的色标和字符都是从下面开始。一般的单面板的规则插孔只具有水平和垂直两个方向，可以为这两个方向分别设置一个排列方向。双面板一般两个面的插孔分别具有水平和垂直方向，这样只要给每个面指定一个排列方向即可。

4．印制电路板的检查和修复

在插装元件前一定要检查印制电路板的可焊性，要求板面干净，无氧化发黑和污染现象。如果只有几个焊盘氧化严重，可用蘸有无水酒精的棉球擦拭之后再上锡。如果板面整个发黑，建议不使用该电路板。如果必须使用该电路板，可把该电路板放在酸性溶液中浸泡，取出清洗、烘干后涂上松香酒精助焊剂再使用。

在组装、维修过程中，遇到印制电路板铜箔翘起、断裂、焊盘脱落等情况，可予以修复。对于断裂的铜箔可采用搭接和跨接两种方式。搭接法是一种将断裂处的两个端头搭接起来的方法，具体做法如下：

① 刮掉距两个端头 5mm 的那一段的表面上的阻焊剂和涂覆层。

② 用酒精擦拭这两个部位。

③ 给这两个部位上锡，再把一段镀锡导线焊接上去。

这种方法适合断点出现在元件不密集的地方，否则需要采用跨接的方法。跨接法就是使电流绕过断点附近的导线而从跨接导线上通过的一种方法，这和电路设计时的跳线有些类似。跨接点原则上可以选择断点两端导线上的任意点，但一般应尽可能选择与断点较近的地方。对于焊盘脱落的情况，可以把元件的引脚当作一个跨接点来处理，跨接的处理和搭接相似。

当印制电路板上的印制导线翘起的时候，可以在把这部分导线的底面清洗干净的情况下涂上环氧树脂，与基板加压粘牢。如果翘起的印制导线过于细小，可直接涂环氧树脂，再粘到基板上。

5．元器件插装后的引脚处理

元器件插到印制电路板上的插孔后，其引线穿过焊盘还应留 1～2mm，这样才可以保证锡焊后的焊点具有一定的机械强度。但是引脚的不同处理会使焊接所能承受的机械强度不同，常用的处理方法有直插式、半打弯式和完全打弯式。如图 4.4 所示是这三种处理方式的示意图。直插式拆卸方便，但能承受的机械强度较小。半打弯式处理方式常将引脚弯成45°。全打弯式具有很高的机械强度，但拆卸困难。

（a）直插式　　　　　（b）半打弯式　　　　（c）全打弯式

图 4.4　元器件引脚处理

6．导线和套管色标的规定

在印制电路板上一般要求元器件的引脚不能过长，以防短路和电气性能变坏。但有时出于散热和其他因素的考虑，需要对有些元件"特殊对待"。这可能使得这些元件的引脚过长，所以需要在这些引脚上套上绝缘套管，防止短路。

为了便于检查和维修，对电子产品中的导线和套管的颜色有一定的规定。

（1）直流电路：正极棕色；负极蓝色；接地线为浅蓝色。

（2）交流三相电路：第一、二、三相分别为绿黄色、绿色、红色；零线为浅蓝色；安全用接地线为黄绿双色线。

（3）半导体三极管：发射极、集电极、基极分别为蓝色、红色、黄色。

（4）半导体二极管：阳极为蓝色；阴极为红色。

（5）晶闸管：阳极为蓝色；阴极为红色；控制极为黄色。

（6）双向晶闸管：主电极为白色；控制极为黄色。

（7）场效应管：源、栅、漏极分别为白色、绿色、红色。

（8）有极性电容器：正、负极分别为蓝色、红色。

（9）光耦合器件：输入端阴极、阳极分别为红色、蓝色；输出端发射极为黄色，集电极为白色。

（10）电子管：控制栅为绿色，灯丝为白色。

红色、蓝色、白色、黄色、绿色的代用色依次为粉红色、天蓝色、灰色、橙色、紫色。

4.3.2　焊接工艺

在完成电子线路的组装后，焊接便成为一项最主要的工作。一块电路板上有很多焊点，只要其中一个出了问题，就会影响整个电路的工作。而且不仅要保证焊接质量，还要提高焊接速度。电路板要能适应不同的工作环境，能承受一定的压力，并且要在预定的工作年限内有效地工作。因此，制作电路板必须符合一定的标准，就焊点而言，有以下几个要求：

（1）焊点要有足够的强度。

（2）焊点要可靠，具有良好的导电性能。

（3）焊点表面要光滑、干净。

如图4.5所示是虚焊的两种情况，这都会导致焊点的机械强度下降、导电性能变差，是焊接中要尽力避免的，并且如图4.5（a）所示的这种虚焊点在检测时很难发现。

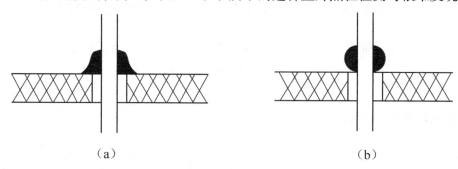

（a）   （b）

图4.5　虚焊的两种情况

1. 焊接过程

（1）焊接的温度和时间的掌握。焊接过程中如果温度过低，则焊锡熔化缓慢、流动性差，在还没有湿润引线和焊盘时，焊锡就可能已经凝固，从而形成虚焊。这种焊点看上去不光亮，表面粗糙。这时就需要提高电烙铁的温度。但如果温度过高，又会使焊锡快速扩散开，焊点处存不住锡，焊剂分解过快，产生碳炭化颗粒，也会造成虚焊。温度过高还可能导致焊盘脱落，所以要掌握好焊接温度。温度的控制主要看焊点是否光亮。如果是初学者，则可进行破坏性检验，即等到焊点冷却后，用力拔引线；如能把焊盘连同焊点一起拔落，则焊接是成功的。

（2）焊料的施加。在焊接过程中需要给焊点添加焊料，添多了会使焊点过大甚至出现虚焊，添少了又会降低焊点的机械强度，这需要一个经验积累的过程。焊接时，应首先把烙铁头放在被焊件和铜箔同时接触到的地方，当焊件加热到一定的温度后，将焊锡放在最后想要形成的焊点的最外圈，等到焊锡湿润整个焊点即可撤走焊锡丝，随后提走烙铁头。撤离烙铁的时候有几种方式：一种是沿着与电路板 45°方向提走；如果引线是垂直放置的，还可以贴着引线提走。注意在焊锡凝固的过程中，被焊件和印制电路板都不能移动，否则易引起虚焊。

（3）重焊处理。如果焊点需要重新焊接，先观察原焊点处的焊锡是否光亮。如果已经发黑，最好用吸焊器把原来的焊锡吸掉。如果电路板可以倒过来，那么也可以把板子倒过来用电烙铁加热焊点使焊锡自然吸附在烙铁头上，以清除原来的焊锡，然后再继续焊接。

（4）拆焊。在焊接、维修过程中可能会遇到要把焊上去的元件取下来进行更换的情况。拆焊是一个非常麻烦的事情，拆焊过程中的过度加热和弯折都极易造成元件损坏、焊盘脱落。所以要尽可能避免焊接前的元件插装出错。

① 普通元器件的拆焊方法。

- 医用空心针管法。将医用针管头锉平，在拆焊的时候使用的医用针管应能恰好套住元件引脚，如图 4.6（a）所示是用医用针管拆卸的示意图。先用烙铁把焊点熔化，然后将针头插入印制电路板上的焊点内，使元件的引脚和印制电路板的焊盘脱离。
- 铜编织线法。把在熔化的松香中浸过的铜编织线放在要拆的焊点上，然后将烙铁头放在铜编织线的上方，待焊点上的焊锡熔化后即可把铜编织线提起，重复几次即可把焊锡吸完。
- 气囊吸焊器法。气囊吸焊器如图 4.6（b）所示，它可把熔化的焊锡吸走，使用时只要把吸嘴对准焊点即可。
- 专用拆焊电烙铁法。这种专用电烙铁主要用于拆卸集成电路、中频变压器等多引脚元件，如图 4.6（c）所示，它不易损坏元件及电路板。当然也可以用吸焊电烙铁来拆焊。

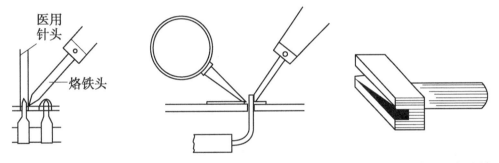

（a）针头拆卸元件引脚法　　（b）气囊拆卸元件引脚法　　（c）集成元件专用拆卸烙铁

图 4.6　普通元器件拆焊方法

② 微型元件的拆卸。目前，随着多层印制电路板和微型元件的使用，电路板集成度得到了很大的提高，但随之而来的是维修难度的增大；特别是在维修过程中，如果把多层印制电路板内层的线路给弄断了，也就意味着这块电路板无法再修复了。因此维修时，更换这些电子元件需格外小心，这类元件的拆卸方法与传统元件的拆卸会有些不一样。

目前在工厂里，对这些元件的焊接都按如下工艺过程进行：点胶、贴片、固化、焊接。对于高密度电路板，在电路板上贴焊这些微型元件使得拆焊变得比较困难，一般都只能采用小功率的电烙铁，且烙铁头一般采用尖头的。

拆焊时，不允许用手去拿这些元件，以避免电极氧化。一般用镊子夹着这类元件的中心部位，实现等电位移动。在拆焊过程中也不允许对某一部位长时间加热或用力挤压。下面介绍几种常用的拆卸方法。

- 轮流加热法：用镊子夹住元件中间部位，用烙铁头对元件的几个电极轮流加热，同时稍用力转动镊子，一旦能转动即可取下元件。

- 等电位拆卸法：先用铜编织线包住元件所有电极，如图 4.7（a）所示，接着用电烙铁对其中的一个电极加热，等锡熔化了，稍用力拖拉编织线即可将元件取下。
- 专用工具拆卸法：专用工具拆卸法如图 4.7（b）所示。用这种专用烙铁的头部可同时对各个电极加热，然后用镊子把元件取下。

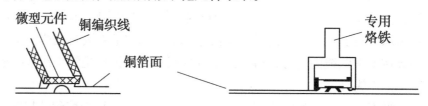

（a）等电位铜编织线拆卸示意　　　　　　（b）集成元件专用烙铁拆卸示意

图 4.7　微型元件引脚拆卸法

（5）工业焊接。目前电子产品的批量生产基本上采用的是自动化焊接系统。只要设计出来的产品稳定性和可靠性能够得到保障，那么自动焊接系统生产的产品也会具有很高的稳定性、可靠性和标准性。采用自动焊接系统后，成品率得到了很大的提高。

① 波峰焊。波峰焊适合大面积、大批量的印制电路板的焊接。元件自动装配机加上波峰焊机是现在大量采用的自动焊接系统。波峰焊的工艺流程为：装配完的印制电路板放到传送装置的夹具上→预热室→喷涂助焊剂→波峰焊→冷却室→印制电路板光滑性处理→取下印制电路板。

- 预热。预热的作用就是把印制电路板加热到预定温度。它有两个作用：其一是将助焊剂加热到活化温度，将焊剂中的酸性活化剂分解，从而使印制板与焊件上的氧化膜被清除；其二是使半导体器件逐渐被加热，以避免骤然变热使器件损坏。
- 喷涂助焊剂。喷涂助焊剂是在发泡式喷涂助焊剂装置中进行的。此装置可将助焊剂加热到液态，并保持温度不变；在多孔瓷管内通入压缩空气，这样液态助焊剂在压缩空气的冲击下以气泡的形式向上移动，遇到经过的印制电路板，气泡破裂，助焊剂便依附在电路板上了，如图 4.8（a）所示。在印制电路板离缸前，用刷子刷掉多余的泡沫。
- 焊料喷涂。焊料喷涂是在焊料喷涂装置中进行的，如图 4.8（b）所示。液态焊料经过机械泵后以较快的速度进入装有分流挡板的喷射室，经喷嘴喷向印制电路板，多余部分则流回焊料槽内。根据焊料的流动方向可分为单向波峰和双向波峰。

② 高频加热焊。高频加热焊主要应用了高频感应电流可以加热具有一定电阻的导体的原理，将环形或垫圈形的焊锡放在高频感应圈的空缺处；再把电路板放在焊锡的上方，给高频感应圈通电即可熔化焊锡，达到与波峰焊中的焊料喷涂装置同样的效果。

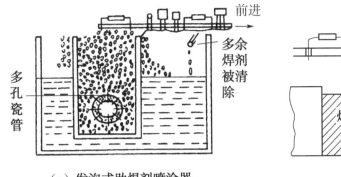

（a）发泡式助焊剂喷涂器

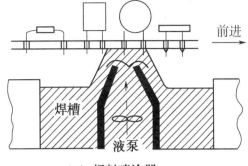

（b）焊料喷涂器

图 4.8 波峰焊

4.3.3 焊接质量的检测

电子产品在装配焊接完毕后，并不是直接进行通电测试，而是采用人工的方式来检查电路板的焊接质量。目前自动焊接系统生成的印制电路板可以不进行这一步，但如果电路板是手工制作或自动生成的在电检后出现问题时，这一步将是不可缺少的。目前这一步主要靠目视和手触法来进行。目视主要是看焊点的外观质量及电路板整体的情况，如是否有漏焊、有无连焊、有无桥接、焊盘有无脱落等。手触是指用手触摸元件，但不是用手去触摸焊点，对可疑焊点也可以用镊子轻拉引线，这对发现虚焊、假焊特别有效。用这两种方法能发现的焊接缺陷主要有以下几种。

（1）堆焊。堆焊如图 4.9（a）所示，这种情况主要是由于焊接技术不熟练造成的，表现为焊点看上去像一个丸子，其根本原因是焊料加得太多，有时也会因为元件的引线不能浸润、温度不适等原因间接造成。堆焊很容易造成相邻焊点短路、虚焊等，是属于比较容易发现的焊接缺陷。

（2）空洞。空洞如图 4.9（b）所示，主要是因为焊盘的插线孔太大，导致焊料没有足够的凝结力来填满整个插线孔；在焊接时表现为加多少焊料都无法形成完整的焊点，但多余的焊料却都流到插孔的背面去了。另外，焊盘由于氧化等原因导致浸润性能不良的时候也会出现这种情况。

（3）桥接。桥接是指焊料将印制电路板的铜箔连接起来的现象，如图 4.9（c）所示。桥接容易造成线路短路。这种情况往往在焊点密集的地方发生。细小的桥接很难发现，只有在进行电气性能测试时，才可能发现。桥接的危害比较大，在焊接时应特别注意。

（4）浮焊。浮焊是指焊料与焊盘的结合不紧密，像是浮在焊盘上一样，表现为焊点表面不光滑，有白色颗粒状。造成浮焊的原因可能是焊接时间过短，没法使焊料中的焊剂挥发完全，也可能是因为使用的焊料不纯，所以在重焊时，最好把原来的焊料清除掉。

（5）拉尖。拉尖发生时，焊点的形状如同石钟，如图 4.9（d）所示。焊料过量、焊接时间过长、烙铁离开焊点的方向不对等都可能造成这种情况。这在高压电路中可能造

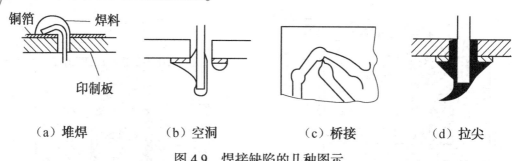

（a）堆焊 　　 （b）空洞 　　 （c）桥接 　　 （d）拉尖

图4.9　焊接缺陷的几种图示

成打火现象。

　　元器件的焊接和装配是一个逐步熟练的过程，需要在实践中反复练习、总结经验才可能把理论知识和实际相结合。

 习题 4

1. 电烙铁可分为哪几类？它们各自的特点是什么？
2. 使用时应如何选择电烙铁？
3. 在焊接时应如何选择焊料和助焊剂？
4. 列出焊接时元件成型的几种方法。
5. 在焊接中经常会出现哪几种焊接缺陷？其产生的原因是什么？

第 5 章

印制电路板的设计和制作

5.1 印制电路板设计和制作的工具

随着科学技术日新月异地发展，现代电子工业也取得了长足的进步，大规模、超大规模集成电路的使用使印制电路板的走线愈发精密和复杂。传统的手工方式设计和制作印制电路板已显得越来越难以适应形势了。

解决这一问题的办法是使用电子线路 CAD（计算机辅助设计）软件。这些软件有一些共同的特征：它们都能够协助用户完成电子产品线路的设计工作，比较完善的电子线路 CAD 软件至少具有自动布线的功能，更完善的还应具有自动布局、逻辑检测、逻辑模拟等功能。Protel 就是这类软件中的杰出代表。本章以 Protel 为例，讲解设计和制作印制电路板的方法。

5.2 电路板设计的一般步骤

一般来说，设计电路板最基本的过程可以分为以下三个主要步骤。

1. 电路原理图的设计

电路原理图的设计主要是利用 Protel 99 SE 的原理图设计系统（Advanced Schematic）来绘制一张电路原理图。在这一过程中，要充分利用 Protel 99 SE 提供的各种绘图工具及编辑功能。

2. 产生网络表

网络表是电路原理图设计（Sch）与印制电路板设计（PCB）之间的一座桥梁。网络表可以从电路原理图中获得，也可从印制电路板中提取。

3. 印制电路板的设计

印制电路板的设计主要是针对 Protel 99 SE 的另外一个重要部分——PCB 而言的，在这个过程中，可以借助 Protel 99 SE 提供的强大功能实现电路板的版面设计，完成高难度

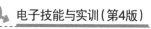

的布线等工作。

5.3　电路原理图设计的一般步骤

电路原理图设计是整个电路设计的基础，它决定了后面工作的进展。通常，设计一个电路原理图的工作包括：设置电路图图纸大小、规划电路图的总体布局、在图纸上放置元器件、进行布局和布线、对各元器件以及布线进行调整、保存并打印输出。

电路原理图设计的一般流程如下。

（1）启动 Protel 99 SE 电路原理图编辑器。

（2）设置电路图图纸尺寸及版面。设计绘制原理图前必须根据实际电路的复杂程度来设置图纸的尺寸。设置图纸的过程实际上是一个建立工作平面的过程，用户可以设置图纸的尺寸、方向、网格大小及标题栏等。

（3）在图纸上放置需要设计的元器件。这个阶段，就是用户根据实际电路的需要，从元件库里取出所需元器件放置到工作平面上的过程。用户可以根据元器件之间走线等联系对元器件在工作平面上的位置进行调整、修改，并对元件的编号、封装进行定义和设定，为下一步工作打好基础。

（4）对所放置的元器件进行布局布线。该过程实际上是一个画图的过程。用户可利用 Protel 99 SE 提供的各种工具、指令进行布线，将工作平面上的元器件用具有电气意义的导线、符号连接起来，构成一个完整的电路原理图。

（5）对布局布线后的元器件进行调整。在这一阶段，用户可利用 Protel 99 SE 提供的各种强大功能对绘制的原理图进行进一步的调整和修改，以保证原理图的美观和正确。这就需要对元器件位置进行重新调整，以及对导线位置的删除和移动，更改图形的尺寸、属性和排列。

（6）保存文档并打印输出。这个阶段是对设计完的原理图进行存盘、输出打印的过程。这个过程实际上是对设计的图形文件输出的管理过程，是一个设置打印参数和打印输出的过程。

5.4　产生网络表

5.4.1　产生 ERC 表

Protel 99 SE 在产生网络表之前，可以利用软件来测试用户设计的电路原理图，执行电气法则的测试工作，以便能够找出人为的疏忽。执行完测试后，软件可能生成错误报告并且在原理图中有错误的地方做好标记，以便用户分析和修改错误。Advanced Schematic 提供了一个最基本的测试功能，即电气规则检查（Electrical Rule Check，ERC）。

电气规则检查可以检查电路图中是否有电气特性不一致的情况。例如，某个输出引脚连接到另一个输出引脚就会造成信号冲突；未连接完整的网络标签会造成信号断线；重复的流水序号会使 Advanced Schematic 无法区分出不同的元器件等。以上这些都是不合理的电气冲突现象，ERC 会按照用户的设置及问题的严重性分别以错误（Error）或警告（Warning）信息来提醒用户注意。

5.4.2 网络表

在 Advanced Schematic 产生的各种报告中，以网络表（Netlist）最为重要。绘制电路图的主要目的就是为了将设计电路转换成一个有效的网络表，以供其他后续处理程序（例如 PCB 程序或仿真程序）使用。由于 Protel 系统的高度集成性，用户可以在不离开绘图页编辑程序的情况下，直接下命令产生当前绘图页或整个项目的网络表。

在由绘图页产生网络表时，使用的是逻辑的连通性原则，而非物理的连通性原则。也就是说，只要是通过网络标签连接的网络就被视为有效的连接，而并不需要真正地由连线（Wire）将网络各端点实际地连接在一起。

网络表有很多种格式，通常为 ASCII 码文本文件。网络表的内容主要为电路绘图页中各元件的数据（流水序号、元件类型与包装信息）及元件间网络连接的数据。某些网络表格式可以在一行中包括这两种数据，但是 Protel 中大部分的网络表格式都是将这两种数据分为不同的部分，分别记录在网络表中。有些网络表中还可包含诸如元件文字（Component Text）或网络文字栏（Net TextFields）等额外的信息，某些仿真程序或 PCB 程序需要这些信息。

由于网络表是纯文本文件，所以用户可以利用一般的文本编辑程序自行建立或修改已存在的网络表。如果用手工方式编辑网络表，在保存文件时必须以纯文本格式来保存。

5.5 印制电路板

5.5.1 印制电路板概述

印制电路（Print Circuit）是指在基板（如由酚醛纸质材料制成）表面上按预定的设计方案印制的电路，包括印制线路和印制元件。印制线路通常是在一块敷铜板上采用蚀刻技术形成供元器件进行电气连接的导电图形，它具有以下优点：利于集成、易于实现生产自动化和大批量生产、产品质量稳定、减少接线错误、易于自动生成等。

印制电路板的结构有单面板、双面板和多面板之分。手工制作时，较多采用单面板或双面板；在 EDA 下，一般采用双面板或多面板。这样的设计可以把每一层的功能区分得很明确，如目前的计算机中使用的内存一般采用的是 4 层或 6 层结构，6 层结构中通常有一层是地线层，一层是电源层。

引入了多层结构后，又使得零件的封装出现两种情况：一种是针式封装，即焊点的导孔是贯穿整个电路板的，这种导孔叫作穿透式导孔，从顶层到内层或从内层到底层的导孔叫盲导孔，仅连通内层的导孔叫隐藏导孔；另一种是 STM 封装，其焊点只限于表面层。元器件的跨距指成型后的元器件的引脚之间的距离。一般规定最大跨距不大于元件本身长度的 2 倍或不超过本身直径的 5/4，如图 5.1 所示。

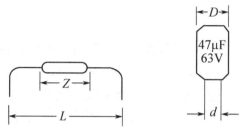

图 5.1　跨距与元件本身的关系规定

5.5.2　布局规则

（1）电压差较大和频率较高的走线不能靠得太近。

（2）电路在一个平面内尽可能有同样的梯度，即线路平行设计，避免线路交叉。双层电路板设计可使两面的走线方向垂直。

（3）设计时最好对板面进行分区，把实现不同功能的电路放在不同的区中。这些功能区需要进行连接时最好不要走交叉线，实在不行可使用跳线。

（4）同种元器件要采用相同的标准（跨距、封装形式、标注等）。

（5）排列元器件最好在模数为 1.25mm 或 2.5mm 的网格纸上进行，使元器件的中心对应网格线的交点。

（6）元器件的下面可以走线，但不要有交叉点出现。

在设计印制电路板时，导线的宽度要根据导线中电流的大小来设定。用于传输信号的导线宽度应小于 1.5mm，电源线的宽度应大于 3.0mm，地线的宽度应比电源线更宽一些。导线间距由导线间的绝缘电阻和击穿电压决定。如绝缘电阻超过 20MΩ 时线距为 1.5mm，工作电压可达 300V；若线距为 1.0mm，则工作电压可达 220V。

5.5.3　绘制规则

这里主要介绍印制电路板工作图的原版图形（导电图形图），并对助焊图和字符图加以介绍。

导电图形图是由印制电路板上的导电材料所构成的图形结构，包括导线、焊盘、金属化孔及印制元件等，一般用黑白稿，仅绘制焊盘和导线条。因其不用尺寸标注，故在模数为 1.27mm 或 2.54mm 的网格纸上绘制。

（1）焊盘和焊点的绘制。焊点在不同的电路中有不同的形状，其中岛形焊点用于高频电路，圆形和方形焊点则用于 30MHz 以下的电路。

圆形焊接点最小径距和元器件引线孔径须符合表 5.1 所示规定。

表 5.1　圆形焊接点的最小径距和引线孔径的关系

引线孔径（mm）	0.5	0.6	0.8	1.0	1.2	1.6	2.0
焊接点最小径距（mm）	1.5	1.5	2	2.5	3.0	3.5	4.0

焊盘也有多种形状，有圆形、椭圆形等，如图 5.2 所示为椭圆形焊盘。先确定图中直径为 0.4 ~ 0.5mm 的圆（整个印制电路板要统一，这是加工定位孔），按焊盘外径画同心圆，再用直线对称截取一定的宽度（本例是 1.5mm）。

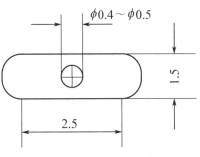

图 5.2　椭圆形焊盘

（2）导电线路的绘制。

① 印制导线和焊盘连接的时候要平滑过渡。

② 一般在印制电路板的外围绘制公共地线，导线的宽度可适当加大。除功率线和地线外，其他的印制导线的宽度应尽量一致。

③ 分立元件的导线宽度为 1.5 ~ 3.0mm，集成电路的连接线宽度在 1mm 以下。对于大电流导线的宽度可查阅相关参考资料。

④ 在绘制导线的时候，先按预定的宽度画双轮廓线，再把内部涂黑，特别要注意导线与焊盘连接处的光滑过渡，这会影响印制电路板的各种性能。

（3）各种孔径。

① 元件引线孔。元件引线孔和元件引线直径的配合关系见表 5.2。

表 5.2　元器件引线直径和金属化孔孔径的推荐配合关系

元件引线直径 d（mm）	金属化孔孔径 D（mm）
< 0.5	0.8
0.5 ~ 0.6	0.9
0.6 ~ 0.7	1.0
0.7 ~ 0.9	1.2
0.9 ~ 1.1	1.4，1.6

为使焊盘具有一定的抗剥离强度，焊盘应按如图 5.3 所示的要求绘制。一般在导电图形图上根据焊盘外径来标注元件引线孔直径，标注时在导电图形图的下方绘制一相同尺

寸的焊盘，在其旁边标出代号、数量和孔径。例如，B12φ1.5 的含义为 B 类孔有 12 个，孔径为 1.5mm。

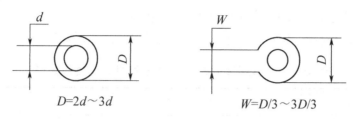

$$D=2d\sim3d \qquad\qquad W=D/3\sim3D/3$$

图 5.3　圆形焊盘的绘制

② 安装孔。当电路板上要安装大型元件的时候，需要在印制电路板上留下固定孔，固定孔和元件用于固定的脚的形状应当一致。标注时在导电图形图的下方画一个同样形状的安装孔，标上代号、个数和开孔的尺寸。表 5.3 列出了不同材料的印制板的抗电强度和绝缘电阻。

表 5.3　印制板的抗电强度和绝缘电阻

材　　料	表面抗电强度		表面电阻（≥）单位			体积电阻（≥）单位		
	正常条件	受潮处理	正常	受潮	浸水	正常	受潮	浸水
酚醛纸质	1.3kV/mm	0.8kV/mm	10^9	10^8	–	10^9	10^8	–
环氧布质	1.3kV/mm	1.0kV/mm	10^{13}	–	10^{11}	10^{13}	–	10^{11}

最后对助焊图和字符图做一简单介绍。助焊图用于标明在印制电路板上的助焊剂的分布状况。因为目前电子元器件的生产和装配有许多已经实现了机械化和自动化，焊接多采用波峰焊之类的技术。例如，在一个现代化的生产车间内，机器手自动在印制电路板上把元件安放到指定的位置；然后把整个电路板移到一个很大的焊接槽内，焊接槽内是液态的焊锡；接下去便是用一个大功率的风机对电路板进行冷却和剥去多余的焊锡，这就是波峰焊的一个过程。这一方面要求在印制电路板上涂一层阻焊层，用于隔离各焊盘，并保护电路板表面免受氧化；另一方面又要求焊接的过程尽可能短，以免电子元件受热过度，这就需要在焊盘上涂上助焊剂。因为只对焊盘起作用，所以助焊图只有焊盘和过孔点，没有导线条。

字符图是标记符号图的简称，用于标明印制电路板上元器件的安装位置。字符图由文字和元器件符号构成。生产印制电路板的时候，把它印刷在印制电路板元件面上。

5.5.4　印制电路板设计流程

印制电路板设计的一般步骤如下。

（1）绘制电路图。绘制电路图是电路板设计的先期工作，主要是完成电路原理图的绘制，包括生成网络表。当然，有时候也可以不进行原理图的绘制，而直接进入 PCB 设计系统。

（2）规划电路板。在绘制印制电路板之前，用户要对电路板有一个初步的规划，如电路板采用多大的物理尺寸、采用几层电路板、是单面板还是双面板、各元件采用何种封装形式及其安装位置等。这是一项极其重要的工作，是确定电路板设计的框架。

（3）设置参数。参数的设置是电路板设计的非常重要的步骤。设置参数主要是设置元件的布置参数、板层参数、布线参数等。一般来说，有些参数用默认值即可，有些参数在使用 Protel 99 SE 进行第一次设置后，几乎无须再修改。

（4）装入网络表及元件封装。网络表是电路板自动布线的灵魂，也是电路原理图设计系统与印制电路板设计系统的接口，这一步也是非常重要的环节。只有装入网络表之后，才能完成对电路板的自动布线。元件的封装就是元件的外形，每个装入的元件必须有相应的外形封装，才能保证电路板布线的顺利进行。

（5）元件的布局。元件的布局可以让 Protel 99 SE 自动进行。规划好电路板并装入网络表后，用户可以让程序自动装入元件，并自动将元件布置在电路板边框内。Protel 99 SE 也可以让用户手工布局。对元件进行合理布局后，才能进行下一步的布线工作。

（6）自动布线。Protel 99 SE 采用了世界上最先进的无网格、基于形状的对角线自动布线技术。只要将相关的参数设置得当，元件的布局合理，自动布线的成功率几乎是100%。

（7）手工调整。自动布线结束后，往往存在令人不满意的地方，需要手工调整。

（8）文件保存及输出。完成电路板的布线后，保存电路线路图文件。然后利用各种图形输出设备，如打印机或绘图仪输出电路板的布线图。

5.5.5　PCB 设计编辑器

（1）进入 Protel 99 系统，从【File】菜单中选择【Open】命令打开一个已有的设计库或用【New】命令创建新的设计管理器。

（2）进入设计管理器后，执行【File】→【New】命令，系统弹出"New Document"对话框，如图 5.4 所示。

单击【OK】按钮后就会在设计管理器界面上自动形成名为"PCB1"的文档，当然也可以改名。进入"PCB1"后就可以进行 PCB 编辑。

（3）PCB 绘制工具的使用。可以通过选择【View】→【Toolbars】→【Placement Tools】命令来打开或关闭工具栏。

① 选择【Place】→【Track】命令或直接单击 按钮来绘制导线。在放置导线时按【Tab】键或在放置后双击鼠标左键打开导线属性设置对话框。对话框中的各项分别说明如下。

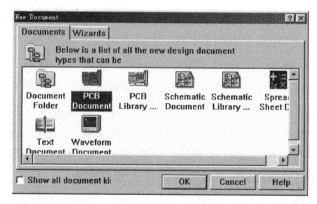

图 5.4　New Document 对话框

Width	设定导线宽度
Layer	设定导线所在的层面
Net	设定导线所在的网格
Locked	设定导线位置是否锁定
Selection	设定导线是否处于选取状态
Start-X	设定导线起点的 X 轴坐标
Start-Y	设定导线起点的 Y 轴坐标
End-X	设定导线终点的 X 轴坐标
End-Y	设定导线终点的 Y 轴坐标

② 放置焊盘。用鼠标单击绘制焊盘按钮 ◉ 或选择【Place】→【Pad】命令，待光标变成十字后移到所需的位置单击鼠标左键即可把焊盘放置在那里。要退出该命令，只需双击鼠标左键。当用户在该命令下时，按【Tab】键可设置焊盘属性。

在该对话框内有三个选项卡："Properities"选项卡内的"Use pad stack"项用于设置特殊焊盘，选择该项则该页不可设置；"Designator"项用于设定焊盘序号；"Shape"下拉按钮可用于选择焊盘的形状：round（圆形）、rectangle（正方形）、octagonal（八角形）。

"Pad stack"选项卡共有三个区域，即 top、middle 和 bottom。

"Advanced"选项卡中的"Electrical type"项用于指定焊盘在网络中的电气属性，包括 load（中间点）、source（起点）、terminator（终点）；"Plated"项用于设定焊盘的通孔孔壁是否需要电镀。

③ 放置过孔。单击工具栏中的 ⌘ 按钮，或选择【Place】→【Via】命令即可放置过孔，用法与焊盘的放置相同。下面介绍一下其属性对话框中部分操作项的意义。

Diameter	设定过孔直径
Hole Size	设定过孔的通孔直径
Start　Layer	设定过孔穿过的板层的开始层
End　Layer	设定过孔穿过的板层的结束层
Net	用于显示该过孔是否与 PCB 板的网络相连

Solder Mask 设置过孔的阻焊层属性，用户可选择"Override"（替代）属性

④ 放置字符串。单击绘图工具栏中的 **T** 按钮，按【Tab】键在字符串标注属性对话框中设置字符串的内容和大小。设置完成后，关闭对话框选择字符串的放置位置，单击鼠标左键即可。选中属性对话框中的"Mirror"复选框则字符以镜像方式放置。单击字符串，待光标变成十字，按【Space】键或在属性对话框的"Rotation"选项中设置角度，即可改变字符串的放置角度。

⑤ 放置坐标。该命令用于在当前鼠标处放置该点在工作平面上的坐标。单击绘图工具栏中的 10,10 按钮，按【Tab】键设置坐标属性对话框，设置完毕后把鼠标移到所需位置单击左键即可在该点放置坐标值。

⑥ 放置尺寸标注。单击绘图工具栏中的 按钮，移动光标到尺寸的起点单击鼠标左键，用于确定标注尺寸的起点，再把光标移动到所需位置单击鼠标左键即可完成尺寸标注。

限于篇幅有限，这里只能介绍 Protel 的基本概念和步骤，有兴趣的同学可查阅与 Protel 相关的书籍和资料。

 习题5

1. 电路板设计主要分为哪几个步骤？
2. 简要说明电路原理图设计的一般流程。
3. 制作 PCB 板时，进行元件布局的基本规则是什么？
4. 简要说明印制电路板设计的一般步骤。
5. 应如何使用 PCB 设计编辑器？

第6章

电子电路实验

6.1 电子电路基础实验

电子技术是一门实践性很强的课程，实验是电子技术课程中非常重要的实践环节，其任务是使学生进一步理解所学的理论知识，熟悉常用电子仪器仪表的使用方法，培养学生在进行电子电路测量与调试、分析与排除电子线路故障，以及处理实验数据、撰写试验报告等方面的能力。为此，需要牢记实验的总要求、实验注意事项及实验报告方式。

实验要求

（1）加深对理论知识的理解。

（2）熟悉常用电子元器件，如电阻器、电容器，半导体二极管、三极管，以及一些常用的集成元件，如集成运放、常用门电路等。

（3）了解并学会使用常用的电子仪表、仪器设备，如示波器、低频信号发生器及万用表等。

（4）学会对常见的基本电子电路进行测量，掌握简单的焊接与调试技术，以及对实验数据的收集与整理分析。

实验注意事项

（1）实验前必须充分预习相关的基本理论和指导书上的相关内容，了解将要做的实验的目的和要求，必要时应写好实验提纲。

（2）接好实验电路后，要认真检查并经指导教师核查无误，方可合上电源开始实验。

（3）在实验过程中，要认真做好记录，与估算值相对照，如有不符，应特别检查，分析误差原因。

（4）使用仪器、仪表等设备时，要严格遵守操作规程。

（5）实验后，必须按要求撰写实验报告。

学生撰写实验报告，不仅能训练其编写科技报告和技术资料的能力，同时能强化实验效果，使实验在理论上进一步得到总结和提高。

对实验报告的要求

（1）实验报告要求格式统一、字迹工整，作图要用坐标纸。

（2）认真记录和处理实验数据，对实验整理所得结果认真分析，找出误差原因并提出改进方法。

实验报告的主要内容如下所示。

实 验 报 告

班　　级	姓　　名	学　　号	同 组 者	成　　绩	日　　期

1. 实验名称

2. 目的要求

3. 实验仪器、器材与电路

4. 实验测试结果（原始记录）及加工整理结果，分析、说明

5. 实验过程中遇到的主要问题、分析、说明及处理办法

实验教师签名_____日期_____

本章实验要求学生理解和掌握常用电子仪器的工作原理，熟练掌握常用电子仪器的操作、使用规程和步骤，了解常用电子仪器的一般故障及排除方法。

实验1　低频信号发生器及万用表的使用

1. 实验目的

（1）了解低频信号发生器和万用表的主要技术指标。

（2）逐步掌握上述仪器、仪表的使用方法。

2. 实验原理

在进行电子技术实验时，常用的电子仪器主要有：直流稳压电源、低频信号发生器、示波器、数字及模拟万用表等。这些仪器仪表可以用于对电子电路进行静态和动态测试。

这些仪器、仪表的主要用途分别如下所述。

① 直流稳压电源：为电路提供电源。

② 低频信号发生器：为电路提供所需的输入信号。

③ 示波器：观察电路中各点信号的波形、周期、幅度、相位等，用途很广。

④ 万用表：万用表的"DCV"挡用于测量电路的直流电压值；"ACV"挡用于测量低频正弦电压的有效值；"Ω"挡用于测量电阻器的阻值；"h_{FE}"挡用于测量三极管的 β

参数。此外，模拟万用表的"Ω"挡还可以测量电容器的漏电阻和极性。

它们与实验电路的关系如图 6.1 所示。

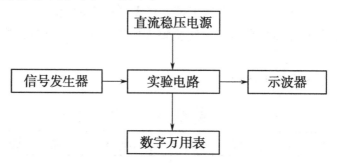

图 6.1　实验电路与仪器、仪表的相互关系

3．实验仪器和器材

直流稳压电源	一台
低频信号发生器	一台
数字万用表	一块

4．实验内容和步骤

（1）用万用表测量直流稳压电源的输出电压值。

① 接通稳压电源，调节其输出电压值（粗调和细调），使电源上电压表的读数分别为 3V、5V、10V、15V 等，用万用表的"DCV"挡（直流挡）分别进行测量，记入表 6.1 中。

表 6.1　直流稳压电源的输出电压测量练习

直流稳压电源输出电压	3V	5V	10V	15V

② 试用万用表的交流挡（"ACV"挡）测量一下，看结果如何，并说明为什么不能用此挡来测量直流电压。

（2）用数字万用表测量低频信号发生器的输出电压。

① 低频信号发生器输出信号频率读数练习。将信号发生器"频率范围"旋钮及"频率细调"（×1、×0.1、×0.01）旋钮分别置于表 6.2 所示值位置，读出相应的频率值，填入表中。

表 6.2 信号发生器输出频率读数练习

信号发生器	频 率 细 调			输 出 频 率
频率范围	×1	×0.1	×0.01	
1~10Hz				
10~100Hz				
100~1kHz				

② 低频信号发生器输出幅值读数练习。将信号发生器的输出频率调到 500Hz，调节"输出细调"旋钮使该仪器上电压表指针指在"5V"位置，将"输出衰减"旋钮分别置于"0dB"、"20dB"、"40dB"、"60dB"、"80dB"位置，分别读出相应的输出电压值，填入表 6.3 中。

表 6.3 信号发生器输出幅值读数练习

输出衰减	0dB	20dB	40dB	60dB	80dB
电压表满偏（5V）时的实际输出电压	5V	0.5V	0.05V	5mV	0.5mV
万用表 AC 挡测量值					

③ 用数字万用表"ACV"挡测量低频信号发生器的输出电压。

④ 提高低频信号发生器的输出频率，其他参数保持不变，再用数字万用表"ACV"挡测量低频信号发生器的输出电压；将结果与③的测量结果比较，说明万用表产生误差的原因，明确万用表在多大的信号频率范围内，方可使用其交流电压挡进行测量。

5. 实验报告要求

（1）整理各项实验记录。

（2）掌握信号发生器输出频率和电压幅值的调节和读出方法。

（3）掌握用数字万用表测量直流电压和交流电压的方法。

6. 思考题

（1）在实验中，为什么所用仪器、仪表必须接地？不接地将会怎样？

（2）用交流电压表测量交流电压时，每种表都有一个允许的频率测量范围。试问所使用的万用表允许测量的信号频率最高限值是多少？

（3）当信号频率高于数字万用表"ACV"挡允许测量的信号频率最高限值时，使用该数字万用表进行测量是否可行？为什么？

实验 2   ST-16 型单踪示波器的使用

1．实验目的

（1）熟悉 ST-16 型单踪示波器面板各旋钮和开关的作用。
（2）熟悉 ST-16 型单踪示波器的使用方法。
（3）掌握用示波器测量交、直流信号的方法。

2．实验仪器和器材

ST-16 型单踪示波器	一台
信号发生器	一台
同轴电缆及测试探头	一副

3．ST-16 单踪型示波器的主要技术指标

（1）概述

ST-16 单踪示波器是一种通用的小型示波器，它具有 0～5MHz 的频带宽度和 20mV/div 的垂直输入灵敏度。扫描时基系统采用触发扫描，可以观察脉冲波形，最快扫描速度为 100ns/div。仪器本身内附幅度为 100mV。频率为电网频率的方波校准信号，可以用于校正垂直灵敏度和水平扫描速度。所以，它可以对被测信号进行粗略的定量观测，适用于一般脉冲参量的测量及一般电子线路的调试维修。

（2）主要技术指标

① 垂直系统。

频带宽度：DC	0～5MHz	3dB
	0～10MHz	6dB
AC	10Hz～5MHz	3dB
	10Hz～10MHz	6dB

输入灵敏度：（a）20mV/div、10V/div 按 1-2-5 进位分为 9 挡，误差不超过±10%
　　　　　　　（电源 110V/220V）
　　　　　　（b）微调比≥2.5:1
输入阻容：1MΩ//30pF；经 10:1 探测头为 10MΩ//15pF

② 水平系统。
频带宽度：10Hz～200kHz
输入阻容：1MΩ//55pF
输入灵敏度：≤V_{P-P}=0.5V/div

扫描时基：（a）0.1μs/div～10ms/div 按 1-2-5 进位分为 16 挡，误差不超过±10%
（电源 110V/220V）

（b）微调比≥2.5∶1

触发电平：内触发≥1div，外触发≥0.5V（峰-峰值）

触发极性：＋、－

触发源：内、外

③ 校准信号。

波形：方波

频率：等于使用电网的频率

幅度：100mV，误差不超过±5%

使用电源：110V/220V±10%，50V/60V

消耗功率：约 55W

4．ST-16 型单踪示波器使用方法

（1）使用前的检查

① 将仪器面板上各个控制机件置于如表 6.4 所示的位置。

表 6.4 控制机件所置位置

控 制 机 件	作 用 位 置	控 制 机 件	作 用 位 置
☼	逆时针旋转	电平	自动
◉	居中	t/div	2ms
○	居中	X 轴微调	校准
↓↑	居中	＋、－、X 外接	＋
←→	居中	内、TV、外	内
V/div	⊓⊔	Y 轴微调	校准
		AC⊥DC	⊥

② 接通电源，指示灯应有红光显示，稍待片刻，仪器进入正常工作。

③ 顺时针调节辉度电位器，此时屏上应显示不同步的校准信号方波。

④ 将触发电平（LEVEL）调至"自动（AUTO）"位置，并向逆时针方向转动直至方波波形同步（波形稳定不动），然后将方波波形移至屏幕中间。若仪器性能基本正常，则此时屏上显示的方波垂直幅度约为 5div，方波周期在水平轴上的宽度约为 10div（电网频率 50Hz），如图 6.2 所示。

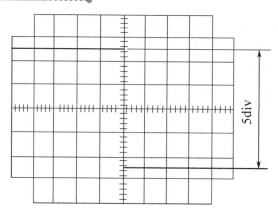

图 6.2　触发电平调整

（2）使用前的校准

① 当仪器已符合上述要求，并等待数分钟后，调节面板上的"平衡"电位器，使在改变灵敏度"V/div"挡级开关时，显示的波形不发生 Y 轴方向上的位移。

② 仪器在使用前，必须对垂直系统的增益校准和水平系统的扫描校准分别进行校准，使屏幕上所显示校准信号的垂直幅度恰好为 5div，周期宽度恰好为 10div。

（3）电压测量

当示波器已完成上述简单校准后，即可对被测信号波形的电压幅度进行定量测定。

① 直流电压的测量。被测信号中如果含有直流电平且需对此直流电平进行测量时，首先应确定一个相对的参考基准电位。一般情况下，基准电位直接采用仪器的地电位，其测量步骤如下。

- 将垂直系统的输入耦合选择开关置于"⊥"，触发电平电位器置于"自动"，使屏幕上出现一条扫描基线，并按被测信号的幅度和频率将"V/div"挡级开关和"t/div"扫速开关置于适当位置；然后调节"↑↓"垂直移位电位器，使扫描基线与某一坐标横线重合，作为基准电平，如图 6.3 所示。

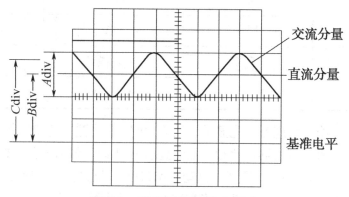

图 6.3　垂直系统的输入耦合

- 将输入耦合选择开关改置于"DC"位置，并将信号直接或经 10:1 衰减探极接入仪器的 Y 轴输入插座，然后调节触发"电平"使信号波形稳定。

- 根据屏幕坐标刻度，分别读出显示信号波形的交流分量（峰-峰）为 Adiv，直流分量为 Bdiv，以及被测信号某特定点 R 与参考基线间的瞬时电压值为 Cdiv。若仪器"V/div"挡级的标称值为 0.2V/div，同时 Y 轴输入端使用了 10:1 衰减探极，则被测信号的各电压值分别如下。

被测信号交流分量：$V_{p-p}=0.2（V/div）×A（div）×10=2A（V）$

被测信号直流分量：$F=0.2（V/div）×B（div）×10=2B（V）$

被测信号 R 点瞬时值：$V_R=0.2（V/div）×C（div）×10=2C（V）$

② 交流电压的测量。对于交流电压一般是直接测量交流分量的峰-峰值。测量时，通常使被测信号通过输入端的隔直电容器，信号中所含的交流分量予以分离；否则，被测信号的交流与直流分量叠加后往往会超过放大器的有效动态范围，于是不得不采用较低的输入灵敏度挡级，从而影响交流分量的测量精度。除可按上述直流电压的测量方法外，交流电压的测量一般应按如下步骤进行。

- 将垂直系统的输入耦合选择开关置于"AC"，"V/div"挡级开关和"t/div"扫速开关根据被测信号的幅度和频率选择适当的挡级，并将被测信号直接或通过 10:1 探极输入仪器的 Y 轴输入端，调节触发电平使波形稳定，如图 6.4 所示。

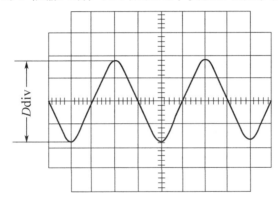

图 6.4　调节触发电平

- 根据屏幕的坐标刻度，读出显示信号波形的峰-峰值为 Ddiv，如"V/div"挡级标称值为 0.1V/div，且 Y 轴输入端使用了 10:1 探极，则被测信号的峰-峰值应为

$$V_{p-p}=0.1（V/div）×D（div）×10=D（V）$$

（4）时间测量

当仪器已在使用前对时基扫速 t/div 校准后，即可对被测信号波形上任意两点间的时间参数进行定量测量。其步骤如下所述。

① 按被测信号的重复频率或信号波形上两特定点 P 与 Q 的时间间隔，选择适当的"t/div"扫速挡级，使两特定点的距离在屏幕的有效工作面内达到最大限度，以便提高测量精度，如图 6.5 所示。

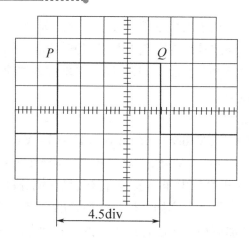

图 6.5　时间测量

② 根据屏幕坐标线的刻度，读取被测信号两特定点 P 与 Q 间的距离为 Ddiv，如 "t/div" 扫描开关挡级的标称值为 2ms/div，$D=4.5$div，则 P、Q 两点的时间间隔值为

$$t=2（\text{ms/div}）\times D（\text{div}）=2D（\text{ms}）=9（\text{ms}）$$

（5）脉冲上升时间的测量

仪器对时基扫速 t/div 校准后，即可对脉冲的前沿上升时间进行测定，其测量步骤如下。

① 按照被测信号的幅度选择 "V/div" 挡级，并调节灵敏度 "微调" 电位器，使屏幕上显示的波形垂直幅度恰为 5div。

② 调节触发电平及 " ⇄ " 水平移位电位器，并按照脉冲前沿上升时间的宽度，选择适当的 "t/div" 扫速挡级，使屏幕上显示的信号波形如图 6.6 所示。

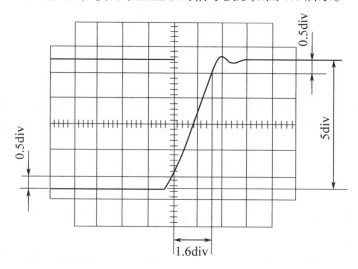

图 6.6　上升时间

③ 根据屏幕坐标刻度上显示的波形位置，读取被测信号波形的前沿在垂直幅度的

10%与 90%两位置间的时间间隔距离为 Ddiv。若"t/div"挡的标称值为 0.1μs/div，D=1.6div，则前沿上升时间为

$$t_r = \sqrt{t_1^2 - t_2^2} = \sqrt{(1.6 \times 100)^2 - 70^2} \approx 144 \ (\text{ns})$$

式中：t_1—垂直幅度 10%与 90%的时间间隔；t_2—仪器的固有上升时间，约为 70ns。

（6）频率测量

对于重复信号的频率测量，一般可按时间测量的步骤测出信号的周期，并按其倒数算出频率值，其正确度取决于周期的测量精度。

例如，测得某重复信号周期 T= 4μs，则频率为

$$f = 1/T = 1/\ (4 \times 10^{-6}) = 0.25 \times 10^6 = 250 \ (\text{kHz})$$

如果借助信号发生器的已知频率，并利用李沙育图形法，亦可测出信号的频率值，但其精度将直接取决于信号发生器已知频率的频率误差，其测量步骤如下。

① 将被测信号输入示波器的 Y 输入插座，而将已知频率信号输入示波器的"外接 X"输入插座。

② 根据屏幕上显示的李沙育图形的比值及已知频率信号的频率值 $f(X)$，计算被测信号的频率值 $f(Y)$。

如图 6.7 所示为 Y 轴和 X 轴均输入正弦波时的李沙育图形，被测信号的频率值 $f(Y)$ 的求法如下。

$N(X)$ 为 X 轴与图形交点数；$N(Y)$ 为 Y 轴与图形交点数，被测信号的频率值 $f(Y)$ 与已知信号的频率值 $f(X)$ 之间有如下关系：

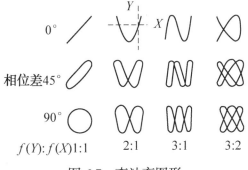

图 6.7　李沙育图形

$$f\ (Y) : f\ (X) = N\ (X) : N\ (Y)$$

所以

$$f(Y) = \frac{N(X)}{N(Y)} \cdot f(X)$$

5．实验内容和步骤

（1）校准。用示波器本身的校准信号，校准示波器 ST-16。

（2）测量频率。测量正弦信号源频率，并记录在表 6.5 中，记录各主要开关、旋钮的位置及格数。被测信号电压为 1V。

表 6.5　测量正弦信号源频率

信号源频率	V/div	t/div 微调校正	测得 $T = 1/f$	±EXT	INT TV EXT	LEVEL/AUTO
50Hz						
10kHz						

6．实验报告要求

（1）说明在使用 ST-16 示波器观察波形时，应调节哪些开关或旋钮才能达到下列要求：

① 波形清晰；

② 波形大小适中；

③ 波形完整（一个周期以上）；

④ 波形稳定。

（2）用 ST-16 示波器观察正弦波电压时，若荧光屏上出现如图 6.8 所示情况，试说明哪些开关或旋钮的位置不对，应如何调节？

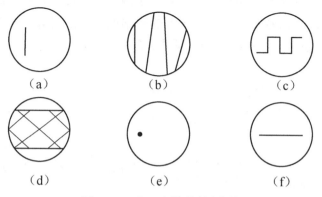

图 6.8　不正确操作的图形

7．思考题

触发方式中的"常态"开关和"自动"开关有何区别？哪个开关需要配合电平调节才能观察到稳定波形？

实验 3　SR-8 型双踪示波器的使用

1．实验目的

（1）熟悉 SR-8 型双踪示波器面板各旋钮和开关的作用。

（2）熟悉 SR-8 型双踪示波器的使用方法。

（3）掌握使用双踪示波器测量交、直流信号及两个信号相位差的方法。

2．实验仪器和器材

SR-8 型双踪示波器	一台
信号发生器	一台
同轴电缆及测试探头	两副

电阻器、电容器	按需配置

3．SR-8 型双踪示波器面板功能简介

SR-8 型双踪示波器具有两个输入通道，因此它能同时观察两路信号，可以比较方便地测量两个信号的相位差。SR-8 的前面板如图 6.9 所示。

（1）X 轴

X 轴表示示波器在显示屏上扫描的快慢，该示波器的扫描速率分为 21 挡，采用 1-2-5 系列标称，范围是 0.2μs/div ～ 1s/div。X 轴和两个 Y 轴粗调旋钮的顶端都有一个微调旋钮，这个微调旋钮可用于微调示波器上每一格所代表的数值，如把微调旋钮逆时针旋到底并把挡位选在"1s/div"，则对应的扫描速率为 2.5s/div。微调旋钮顺时针旋到底则处于校准状态，此时示波器的显示值是正确的，所以测量精确参数的时候，需要使示波器处于校准状态。微调的主要作用是使扫描速率连续，或者说是使得使用者可以选择一个最佳的观察背景。若把 X 粗调旋钮置于"X 外接"处，则 X 轴的扫描信号可以由"外触发，X 外接"端子输入。

拔出"×10"开关时可使扫描速率是挡位开关所表示值的 10 倍。

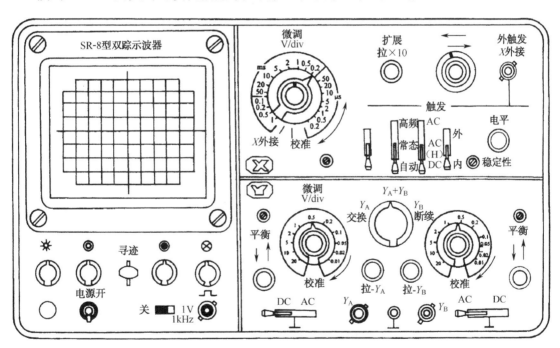

图 6.9 SR-8 型双踪示波器前面板

（2）Y 轴

Y 轴输入分为 11 挡，范围是 10mV/div ～ 20V/div。可输入信号频率范围：AC 耦合，10Hz ～ 15MHz；DC 耦合，0 ～ 15MHz。在此说明一点，直流 DC 信号指的是信号的极性是单极的，即只有大小的变化而没有极性的变化。例如，正弦交流电压信号经过二极管

半波整流后形成的电压信号就是直流的。不要把由电池产生的幅度、极性都不变的信号当成是直流的唯一形式。前面在介绍信号发生器时讲过方波发生器产生的幅值不变而极性变的信号却是交流信号，所以同样也不要把正弦波信号当成是唯一合法的交流信号。但是后面讲到信号中的"直流成分"，指的是一段时间内的波形与 X 轴所形成的上部分面积与下部分面积的差再除以对应的时间值，同学们不要弄糊涂。

（3）校准信号

示波器为了检验本身的准确性，内部有一个频率为 1kHz、幅值为 1V 的方波信号发生源。把它加到 Y 轴输入，从显示屏上即可了解该示波器的准确度。面板上左下方标注"1V、1kHz"的端口就是标准信号输出端。

（4）触发灵敏度

在面板右上方，示波器的 X 轴只有在接受到信号的幅值大于触发电压的时候才开始扫描。触发电压在采用内触发时不大于 1div 代表的数值，在采用外触发时不大于 0.5V。

（5）显示部分控制旋钮

灰度、聚焦、辅助聚焦、标尺亮度旋钮在示波器显示屏下面依次从左往右。灰度旋钮可调节示波器显示屏的亮度；聚焦旋钮和辅助聚焦旋钮可调整示波器光点的粗细。调节方法如下：在未接信号源的情况下，调节 X 轴、Y 轴位移旋钮（该旋钮在最靠近挡位选择旋钮的地方）把光点移到显示屏上刻度线的中点；接着先调节聚焦旋钮，等感觉差不多了，再使用辅助聚焦旋钮。

寻迹开关：按下此开关可使得由于 Y 轴挡位选择不当而导致不可见的光标回到可见显示区。

（6）触发内、外选择开关

触发部分的旋钮在面板的右上方，当"内、外"选择开关选择"内"时，使用机内 Y 通道的输入信号作为触发源；当选择"外"时，配合上面介绍的 X 粗调旋钮置于"X 外接"，即可由"外触发，X 外接"处输入扫描信号。

（7）触发信号耦合方式选择开关"AC、AC（H）、DC"

"AC"：触发信号取自 Y 通道信号中的交流成分，触发信号不受 Y 通道输入信号中直流分量的影响。

"AC（H）"：触发信号取自 Y 通道信号经高通滤波器滤波后的信号，能消除低频分量对触发信号的影响。

"DC"：触发信号就是 Y 通道信号。

（8）触发方式开关"高频、常态、自动"

"高频"：由示波器自身产生 200kHz 的自激信号，用于对被测信号进行同步跟踪，实现波形稳定。这对观察高频信号比较有利。

"自动"：扫描处于自激状态，自动显示扫描线，有利于观察频率较低的信号。

"常态"：触发信号来自机内 Y 通道或"外触发"输入。

前两种方式在没有信号输入的情况下也能出现扫描线，使用较简单。

（9）触发极性选择开关"+、-"

按"+"开关是扫描信号在电平上升到一定程度的时候触发；按"-"开关是扫描信号在电平下降到一定程度的时候触发。

（10）触发电平调节开关

该开关用于选择输入信号波形的触发电平，使扫描在适当的电平处开始。如果没有触发信号或触发信号的电平不在触发区内，则不会有扫描。

（11）"稳定性"电位器

"稳定性"电位器可调节波形的稳定性，即在波形不稳的情况下微调该旋钮即可使波形趋于稳定。

（12）Y 轴输入耦合开关

置于"DC"时，Y 通道的输入信号将直接在显示屏上显示；置于"AC"时，Y 通道的输入信号中的直流成分将被滤去，即如果输入的是一个幅值不变的直流信号，那么在显示屏上将得不到任何波形。

当开关旋至"⊥"时，表示输入端接地，这时可看出 X 轴的偏移位置。

（13）显示方式开关"交替、Y_A、Y_A+Y_B、Y_B、断续"

"交替"指在机内扫描信号的控制下，交替地对两个通道的信号进行显示；但由于荧光屏的余辉作用，所以我们能同时观测到两个信号形成的波形。

"Y_A"即实现对 Y_A 通道的单踪显示。

"Y_A+Y_B"显示的是两通道输入信号矢量叠加后的波形，通过"极性，拉–Y_A"拉拔开关可实现对两个通道的信号的相加或相减。当开关"极性，拉–Y_A"拔出时，显示的是倒相的 Y_A 信号。

"Y_B"即实现对 Y_B 通道的单踪显示。

"断续"是指把一次扫描分成好几个时间间隔，在每个时间间隔内轮流对两信号波形进行显示，这种方式适用于低频信号。

（14）"内触发，拉–Y_B"拉拔开关

当此开关按下时用于单踪显示；拔出时则用于"交替"、"断续"的双踪显示。

4．SR-8 型双踪示波器使用方法

（1）使用前的检查

① 接通电源，电源指示灯点亮，稍待片刻，示波器开始正常工作。

② 将触发方式开关置于"自动"位置。

③ 将显示方式开关置于"交替"方式。

④ 将两个输入通道的输入耦合选择开关置于"⊥"，此时显示屏上应有两条扫描线，调节"↑↓"旋钮，使两条扫描线处于适当位置。

⑤ 调节辉度旋钮，使显示屏上的扫描线亮度适中。

⑥ 调节聚焦旋钮，使扫描线清晰。

（2）使用前的校准

① 把两个输入通道与示波器的"校准信号"连接。

② 将两个输入通道的输入耦合选择开关置于"DC"位置。

③ 把 Y 轴幅值选择开关置于 1V/div 位置；X 轴扫速开关置于 1ms/div 位置，调节电平旋钮，使显示屏显示出稳定的 1V、1kHz 的方波信号。

（3）电压测量

当仪器已完成上述简单校准后，即可对被测信号波形的电压幅度进行定量测定。

① 直流电压的测量。在被测信号中，如果含有直流电平且需要对此直流电平进行测量时，应首先确定一个相对的参考基准电位。一般情况下，直接采用仪器的地电位作为基准电位，其测量步骤如下。

- 将 Y 轴输入通道的输入耦合选择开关置于"⊥"，触发方式开关置于"自动"位置，使屏幕上出现一条扫描基线，并按被测信号的幅度和频率将"V/div"挡级开关和"t/div"扫速开关置于适当位置；然后调节"↑↓"垂直移位电位器，使扫描基线与某一坐标横线重合，作为基准电平。

- 将输入耦合选择开关改置于"DC"位置，并将信号直接或经 10:1 衰减探极接入仪器的 Y 轴输入插座，然后调节触发电平旋钮，使信号波形稳定。

- 根据屏幕坐标刻度，分别读出显示信号波形的交流分量（峰-峰）为 Adiv，直流分量为 Bdiv，以及被测信号某特定点 R 与参考基线间的瞬时电压值为 Cdiv。若仪器"V/div"挡级的标称值为 0.2V/div，同时 Y 轴输入端使用了 10:1 衰减探极，则被测信号的各电压值分别如下。

被测信号交流分量：$V_{p-p}=0.2（V/div）\times A（div）\times 10=2A（V）$

被测信号直流分量：$F=0.2（V/div）\times B（div）\times 10=2B（V）$

被测信号 R 点瞬时值：$V_R=0.2（V/div）\times C（div）\times 10=2C（V）$

② 交流电压的测量。交流电压的测量一般应按以下步骤进行。

- 垂直系统的输入耦合选择开关置于"AC"，"V/div"挡级开关和"t/div"扫速开关根据被测信号的幅度和频率选择适当的挡级，并将被测信号直接或通过 10:1 探极输入仪器的 Y 轴输入端，调节触发电平使波形稳定。

- 根据屏幕的坐标刻度，读出显示信号波形的峰-峰值为 Ddiv，如"V/div"挡级标称值为 0.1V/div，且 Y 轴输入端使用了 10:1 探极，则被测信号的峰-峰值应为

$$V_{p-p}=0.1（V/div）\times D（div）\times 10=D（V）$$

（4）时间测量

当仪器已按使用前的校准对时基扫速"t/div"校准后，即可对被测信号波形上任意两点间的时间参数进行定量测量，其步骤如下。

① 按被测信号的重复频率或信号波形上两特定点 P 与 Q 的时间间隔，选择适当的"t/div"扫速挡级，使两特定点的距离在屏幕的有效工作面内达到最大限度，以便提高测量精度，如图 6.10 所示。

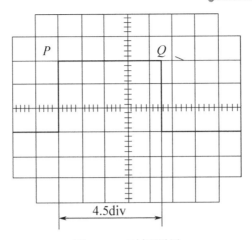

图 6.10 时间测量

② 根据屏幕坐标线的刻度，读取被测信号两特定点 P 与 Q 间的距离为 Ddiv，如 "t/div" 扫描开关挡级的标称值为 2ms/div，D=4.5div，则 P、Q 两点的时间间隔值为

$$t=2（\text{ms/div}）\times D（\text{div}）=2D（\text{ms}）=9（\text{ms}）$$

（5）脉冲上升时间的测量

仪器对时基扫速 "t/div" 校准后，即可对脉冲的前沿上升时间进行测定。由于脉冲上升沿很陡，在测量脉冲上升时间时，通常应将 "扩展拉×10" 开关拉出，使 X 轴扫描速度扩大 10 倍。其测量步骤如下所述。

① 按照被测信号的幅度选择 "V/div" 挡级，并调节灵敏度微调电位器，使屏幕上所显示的波形垂直幅度恰为 5div。

② 调节触发电平及 "⇆" 水平移位电位器，并按照脉冲前沿上升时间的宽度，选择适当的 "t/div" 扫速挡级，使屏幕上显示的信号波形如图 6.11 所示。

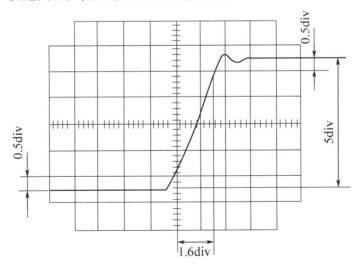

图 6.11 上升时间

③ 根据屏幕坐标刻度上显示的波形位置，读取被测信号波形的前沿在垂直幅度的

10%与 90%两位置间的时间间隔距离为 Ddiv，若"t/div"挡的标称值为 0.1μs/div，D=1.6div，"扩展拉×10"开关已拉出，则前沿上升时间为

$$t_r = \frac{0.1 \times 1.6}{10}(\mu s) = 16（ns）$$

（6）频率测量

对于重复信号的频率测量，一般可按时间测量的步骤测出信号的周期，并按其倒数算出频率值，其正确度决定于周期的测量精度。

例如，测得某重复信号周期 T= 4μs，则频率为

$$f = 1/T = 1/（4 \times 10^{-6}）= 0.25 \times 10^6 = 250（kHz）$$

（7）两个同频率信号相位差的测量

根据两个信号的频率，选择合适的扫描速度，并将 Y 轴显示方式开关根据扫描速度的快慢分别置为"交替"和"断续"位置；调节触发电平旋钮，待波形稳定后，调节两个通道的"V/div"开关和微调，使两个通道显示的信号幅值相等。调节"t/div"微调，使被测信号的周期在显示屏上显示的水平距离为几个整数，得到每格的相位角；再根据另一个通道信号超前或滞后的水平距离乘以每格的相位角，即可得到两个信号的相位差。

例如，如图 6.12 所示，信号 A 与信号 B 是同频率信号，信号的周期为 T_1=8div，信号 A 超前信号 B 1div，则两个信号之间的相位差为

$$\varphi = \frac{1}{8} \times 360° = 45°$$

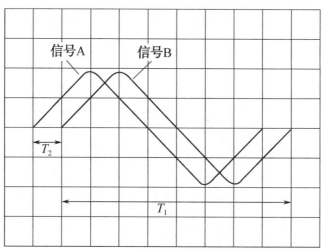

图 6.12　测量两个同频率信号的相位差

5．实验内容和步骤

（1）校准。用示波器本身的校准信号，校准示波器 SR-8。

（2）测量频率。测量正弦信号源频率，并记录在表 6.6 中；记录各主要开关、旋钮的

位置及格数。被测信号电压为 1V。

表 6.6　测量结果

信号源频率	V/div	t/div 微调校正	测得 $T=1/f$	±EXT	INT TV EXT	LEVEL/AUTO
50Hz						
10kHz						

（3）测量两个同频率信号的相位差。电路如图 6.13 所示，交流信号的频率为 1kHz，取电阻 R 为 1kΩ，电容 C 分别取 1nF、10nF、100nF。用 SR-8 双踪示波器测量 A、B 两点之间的相位差。

6．实验报告要求

（1）说明在使用 SR-8 示波器观察波形时，应调节哪些开关或旋钮才能达到下列要求：

① 波形清晰；

② 波形大小适中；

③ 波形完整（一个周期以上）；

④ 波形稳定。

（2）用 SR-8 示波器观察正弦波电压时，若荧光屏上出现如图 6.14 所示情况，试说明哪些开关或旋钮的位置不对，应如何调节？

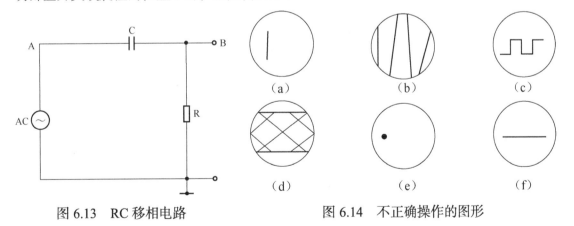

图 6.13　RC 移相电路　　　　图 6.14　不正确操作的图形

7．思考题

触发方式中的"常态"开关和"自动"开关有何区别？哪个开关需要配合电平调节才能观察到稳定波形？

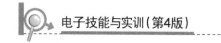
实验4 电阻器、电容器、二极管的识别与检测

1. 实验目的

（1）了解电阻器、电容器、二极管的相关知识。

（2）掌握用万用表检测电阻器、电容器、二极管的方法。

2. 实验原理

（1）电阻器的识别与检测

电阻器是电子电路中最常见、最常用的元件之一。在工程实践中，掌握有关电阻器的基本知识与测量方法是一项基本功。通常可用万用表测量电阻器，方法比较简单，这里不再介绍。下面介绍色标电阻器的记忆方法。

普通精度的电阻器用四条色环来表示其阻值与误差级别，首先要把颜色所代表的数字记熟，即棕1、红2、橙3、黄4、绿5、蓝6、紫7、灰8、白9、黑0，可以把1~9和0的顺序编成口诀如下：

棕红橙黄绿，蓝紫灰白黑

四条色环中的第一、二环表示有效数字；第三环表示第一、二位有效数字之后加"0"的个数；第四环表示有效误差，金色为Ⅰ级误差（±5%）、银色为Ⅱ级误差（±10%），这样就能读出阻值和误差了。

（2）电容器的识别与检测

电容器也是电子电路中最常用的元件之一，其主要指标有：容量、准确度、工作电压和漏电阻（又称绝缘电阻）等。前面几项一般电容器上都有标注，所以在此只介绍如何用（模拟）万用表测量大电容的漏电阻（以100~1 000μF为例）。

用万用表欧姆挡的"R×1k"挡，将两只表笔分别接触电容器的两极，当表针已偏转到最大值时，迅速从"R×1k"挡拨到"R×1"挡，片刻后再拨回"R×1k"挡，表针最后停留在某一刻度上，该读数即为漏电阻值。

（3）二极管的识别与检测

根据二极管的单向导电性（正向电阻小，反向电阻大），可判别二极管的极性。但一定要搞清楚所用万用表两表笔对应电池的电压极性。若是指针式万用表，则黑表笔接的是表内电池的正极，红表笔接的是表内电池的负极。若使用的是数字万用表，则情况恰好相反，红表笔（插在"V/Ω"孔中）接电池正极，黑表笔（插在"COM"孔中）接负极。但其电阻挡不能用于测量二极管，只能用二极管挡测量。

3. 实验仪器和器材

万用表　　　　　　　　　　　　　一台

不同型号的电阻器、电容器、二极管　　　　若干

4．实验内容和步骤

（1）电阻器的识别

取不同色环的电阻器 30 只，由学生注明电阻器的阻值并相互交换，反复练习识别速度。

（2）用万用表测量电阻器

选用无色环、无数值标志、不同阻值的电阻器若干，用万用表测量其阻值，要求测量快速准确、区分正确。将识别、测量结果填入表 6.7 中。

表 6.7　测量结果

由色环写出具体阻值				由具体阻值写出色环			
色环	阻值	色环	阻值	阻值	色环	阻值	色环
棕黑黑							
红黄黑							
橙橙黑							
黄紫橙							
灰红红							
白棕黄							
黄棕紫							
橙黑棕							
紫绿黄							
白棕棕							

（3）电容器容量的识别

选用不同标值的各类电容器若干，由学生反复辨别电容的容量并注明全称。

（4）万用表测量电容器的漏电阻

选用不同容量的电容器各若干，测量其漏电阻，并将测量结果填入表 6.8 中。

表 6.8　测量结果

电容器标值识别							
标值	全称	标值	全称	标值	全称	标值	全称
2.7		10 000		2P2		473	
3.3		0.01		1n		682	

续表

电容器标值识别							
标值	全称	标值	全称	标值	全称	标值	全称
6.8		0.015		6n8		331	
20		0.022		10n		224	
51		0.033		27n		229	
100		0.065		100n		3N3J	
450		0.22		220n		473K	
1 000		0.45		103		332K	
3 000		P33		104		3 300J	
电容器测量 （以 10μF 为例）		万用表挡位		指针偏转角度		实测漏电阻	
大电容器测量 （以 1 000μF 为例）							

（5）二极管的检测与识别

① 外形及型号含义识别；

② 用万用表判别二极管的极性；

③ 将万用表分别置不同挡，测量并观察各二极管正、反向电阻值的变化，将结果填入表 6.9 中。

表 6.9 测量结果

二极管型号	R×1k		R×100		R×10		材料		质量判别	
	正向	反向	正向	反向	正向	反向	硅	锗	好	坏
2AP9										
2CP10										

5．实验报告要求

（1）整理各项实验记录。

（2）分析表 6.9，用万用表不同挡测量二极管的正、反向电阻值时，阻值会不同，为什么？

（3）按实验结果，总结比较硅、锗二极管各自性能特点。

6. 思考题

（1）指针式万用表插表笔的（＋）、（－）孔分别对应表内电池的什么极？数字万用表呢？

（2）是否能用数字万用表的二极管挡来判断一只二极管的好坏？

（3）用万用表来判别二极管的极性时，指针式万用表红表笔指示的二极管的极性与数字式万用表红表笔指示的二极管的极性相同吗？为什么？

实验5 半导体三极管的识别与检测

1. 实验目的

（1）了解三极管的类型及型号。

（2）会用万用表识别三极管的极性。

2. 实验原理

晶体三极管是应用最广泛的电子器件之一，有 NPN 和 PNP 两种类型，还有硅管和锗管这种材料上的差别，但检测方法类似。

（1）型号及外观的一般识别

国产三极管型号命名通常有五个部分：第一部分是"3"，表示三极管；第二部分通常是 A、B、C、D 等字母，表示材料和特性，由此便可知此管是硅管还是锗管，是 PNP 型还是 NPN 型管，具体如下。

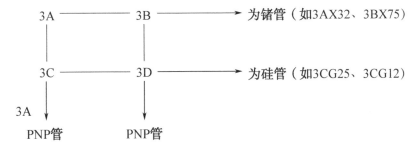

三极管外形如图 6.15 所示。图中左边引脚是集电极 c，右边引脚是发射极 e。注意：观察时，引脚要朝向自己，三个引脚要成倒三角。

（2）用万用表检测三极管

用万用表检测三极管的依据是：NPN 型管的基极到发射极和集电极均为正向 PN 结，而 PNP 型管则为反向 PN 结。

利用数字式万用表可直接测量三极管的共射极电流放大系数。

通常要检测以下项目：

① 判断三极管的基极、发射极、集电极；

② 判断三极管是硅管还是锗管；

③ 估测三极管的共射极电流放大系数。

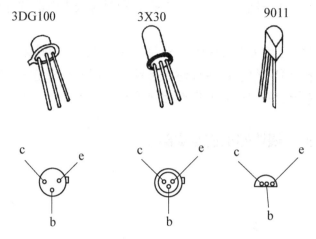

图 6.15　三极管外形

3．实验仪器和器材

指针式万用表（或数字式万用表）　　　　一台

不同型号、外形的三极管　　　　　　　　若干

4．实验内容和步骤

（1）用万用表测量晶体三极管各极间的正、反向电阻，判别管型，将结果填入表 6.10 中。

（2）根据表 6.10 中的相关数据，说明硅管、锗管的正、反向电阻的大致范围。

（3）根据表 6.10 中的相关数据，比较这几个管子 β 值的大小。

表 6.10　测量结果

晶体管型号	b-e 间阻值		b-c 间阻值		c-e 间阻值		管　型		材　料	
	正向	反向	正向	反向	正向	反向	NPN	PNP	硅	锗
3DG6A										
9 013										
3AX31										

5．实验报告要求

（1）整理各项实验数据，填入自拟的表格中。

（2）比较、说明 PNP 型三极管与 NPN 型三极管的区别。

6.2 模拟电路实验

本节实验要求学生进一步理解和掌握二极管整流、滤波电路，三极管放大电路，以及由集成运算放大器构成的各种运算电路的工作原理，熟悉和掌握电路参数的测试方法及仪器的使用方法，了解一些电路的调试方法。

实验6 整流滤波电路的连接与测试

1．实验目的

（1）掌握单相桥式整流、滤波电路的原理。

（2）了解电容滤波对输出直流电压和纹波电压的影响。

2．实验原理

电子设备的直流电源要求输出直流电平平稳、脉动成分小，且当电网电压和负载电流在一定范围内波动时，输出电压幅度稳定。这种电源通常都是由电网提供的交流电经过变压、整流、滤波和稳压等环节而得到的。

本实验中仅对单相桥式整流滤波电路进行测试，实验电路如图 6.16 所示，元器件参数如下。

T：220V/12V、5VA

$VD_1 \sim VD_4$：1N4 007

R_L：100Ω/2W

C：100 μF

S：单刀单掷开关（或用短路线）

（1）整流电路

整流是把交流电转变成直流电的过程。在如图 6.16 所示电路中，将 S 断开，即构成桥式整流电路，此时电路输出的直流电压平均值为

$$U_o \approx 0.9U_2$$

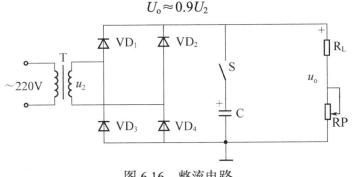

图 6.16　整流电路

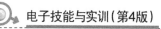

式中，U_2 为变压器二次绕组电压的有效值。

（2）滤波电路

为了平滑整流后的脉动电压波形，减小其纹波成分，必须在整流电路后面加滤波电路。

在整流电路内阻不太大和负载电路 $R_L \geqslant 10/(\omega C)$ 的情况下（ω 为电源角频率），桥式（或全波）整流滤波电路的输出电压为 $U_o \approx 1.2U_2$。

为了说明滤波电容 C 对纹波电压的影响，可用示波器来观察其纹波波形的大小。

3．实验仪器和器材

示波器	一台
万用表	一台
通用测试电路板	一块

4．实验内容和步骤

（1）用万用表电阻挡检查所用元器件的好坏。

（2）在通用测试板上按如图 6.16 所示的电路连接。

（3）测量桥式整流电路的输出电压并观察其波形。

① 将如图 6.16 所示电路中的 S 断开，RP 旋钮旋到最大值，通电后用万用表和示波器分别测量和观察 U_2、U_o 的值和波形，并将结果记入表 6.11 中。

表 6.11　测量结果

数　　　值		波　　　形
$U_2=$	计算： $U_o/U_2=$	
$U_o=$	计算： $U_o/U_2=$	

调节 RP 的大小，观察输出电压和波形有何变化？为什么？

② 将滤波电路接入电路中，测量并观察比较输出电压及其波形。

- 将 RP 调到最大，S 闭合，接入 C 时，测量输入电压，观测输入波形。
- 电容滤波，调节 RP 的值分别为中间值（约 500Ω）和最小值时，测量输出电压并观测波形。将以上结果记入表 6.12 中。

5．实验报告要求

（1）整理实验数据和所记录的波形。

（2）根据实验数据和波形，说明滤波器的作用。

表6.12 测量结果

序 号	电路形式		输出电压 U_o	输出波形
1	桥式整流，无滤波电路			
2	桥式整流，滤波电路，无电阻			
3	桥式整流，滤波电路，有电阻			
4	电容滤波	RP 的值为中间值		
		RP 的值为最小值		

6．思考题

输出纹波电压大小与电路中的哪些因素有关?

实验7 三端集成稳压电源

1．实验目的

（1）掌握直流稳压电源的工作原理。

（2）掌握用稳压器构成典型应用电路的方法并测试其性能。

2．实验原理

（1）LM7805 三端集成稳压器简介

LM7805 三端集成稳压器为三端固定输出的正稳压器。它具有过流、过热和安全区保护功能，工作可靠、安装调试方便，价格便宜，故获得广泛应用。其外形及引脚排列如图 6.17 所示。

（2）LM7805 的主要技术参数

输入电压范围：$9V \leqslant U_i \leqslant 20V$

输出电压：5V

最大输出电流：1.5A

电压调整率：0.01%

负载调整率：0.1%

纹波抑制比：65dB

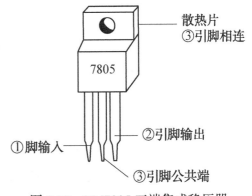

图 6.17 LM7805 三端集成稳压器

（3）直流稳压电源的参数及测量

稳压电源的输出电压 U_o 和最大输出电流 I_{omax} 是它的特性指标，此指标决定了该电源的使用范围，以及电路中变压器、整流管和滤波电容的参数。而稳压器的稳压系数、输出电阻、纹波电压、温度系数是稳压电源的质量指标。

① 输出电阻 R_o 的测量。输出电阻 R_o 是在温度、输入电压等条件不变的情况下，由于负载电流 I_o 变化所引起的直流电压 U_o 的变化，即

$$R_o = (\Delta U_o / \Delta I_o)$$

R_o 越小，U_o 的稳定性越好。在测量时要注意 R_L 不能取得太小（一定要满足（U_o/R_L）$< I_{omax}$），否则输出电流过大会损坏稳压器。

② 纹波电压的测量。纹波电压是指叠加在输出直流电压上的交流分量，幅值很小（毫伏级）。它不是正弦波，一般用示波器"AC"挡测量其峰值。

③ 电压调整率 S_u 的测量。S_u 是衡量稳压器质量最主要的指标，它是指在负载电流和环境温度保持不变时，输入电压相对变化与输出电压相对变化的比值，即

$$S_u = \frac{\Delta U_o / U_o}{\Delta U_i / U_i}$$

3. 实验仪器和器材

示波器	一台
自耦调压器	一台
单相变压器（220V/15V）	一台
直流毫安表（100mA）	一台
数字万用表	一台
通用测试板	一块
LM7805	一片
1N4007	四个
电解电容（1000μF /25V，10μF /25V，1μF /25V）	各一个
电位器（500Ω/2W）	一个
电阻（120Ω）	一个
瓷片电容（0.1μF）	一个

4. 实验内容和步骤

按如图 6.18 所示连接试验电路。在连接电路时必须确保晶体二极管的极性连接正确，否则将会引起电源短路，烧坏二极管及其他元件。同时也必须确保电解电容器的极性接法正确，否则将会导致电解电容器爆炸。

（1）测量稳压电路的输出电压

调节调压器，使集成稳压电路的输入电压为 9～20 V，测量稳压电路的输出电压。

（2）测量稳压电路的外特性并计算输出电阻值 R_o

保持输入电压不变，空载时，I_L 为 0，测量 U_o 的数值；然后接上负载 R_L，调节其大小，使 I_L 分别为 20mA、40mA、60mA、80mA、100mA 时，用万用表"DCV"挡分别测量相应的 U_o 值，记入表 6.13 中，并计算出内阻的平均值（$R_o = \Delta U_o / \Delta I_L$）。

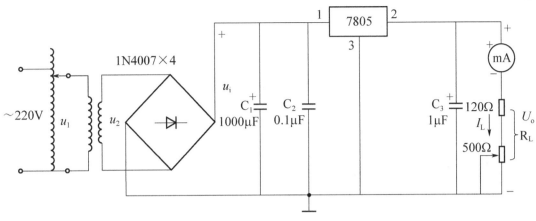

图 6.18　稳压电路

表 6.13　测量结果

I_L （mA）	0	20	40	60	80	100	内阻平均值
U_o （V）							$R_o=$

（3）测量稳压系数

保持 $U_1=220V$，并使 $I_L=60$ mA，测量 U_o，调节调压器来模拟电网电压变化 ± 10%，即分别测量 U_1 为 198V 及 242V 时，对应的 U_1、U_o，记入表 6.14 中，并计算稳压系数。

表 6.14　测量结果

	U_1	198V	220V	242V
测量值	U_i			
	U_o			
计算值	$\Delta U_i/U_i$			
	$\Delta U_o/U_o$			
	$\dfrac{\Delta U_o/U_o}{\Delta U_i/U_i}$			

（4）测量纹波电压

输出电压的纹波不是正弦波而是锯齿波，可用示波器近似测量其交流值。

调节 $u_1=220V$，并使 $I_L=60$ mA，测量稳压电路的输入端 u_i 和输出端 u_o 的纹波电压，记录测量结果。

5．实验报告要求

（1）整理实验数据。

（2）通过实例说明测试稳压器应注意哪些问题，整理出一份使用说明书。

6．思考题

（1）滤波电容的大小对输出电压和纹波电压的大小有何影响？

（2）负载电阻和输出电阻的大小对输出电压有何影响？

（3）如果桥式整流电路中，一个二极管极性接反，对电路有什么影响？

（4）如果电解电容器极性接反，将会导致什么后果？

实验8　比例求和运算电路

1．实验目的

（1）掌握用集成运算放大器组成比例、求和电路的特点及性能。

（2）学会比例、求和电路的测试和分析方法。

（3）掌握各电路的工作原理。

2．实验原理

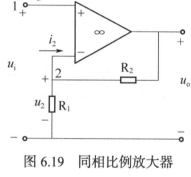

（1）由运算放大器构成线性运算电路时，它的两个输入端之间的电压相等（虚短路），两个输入端之间没有电流流过（虚断路）。

（2）如图6.19所示为同相比例放大器，$u_o=(1+R_2/R_1)u_i$。其中，$R_1=50\Omega$，$R_2=100\Omega$。

图 6.19　同相比例放大器

（3）如图6.20所示为电压跟随器，$u_o=u_i$。

（4）如图6.21所示为反向加法器，$u_o=-(R_f/R_1)u_1-(R_f/R_2)u_2-(R_f/R_3)u_3$。其中，$R_1=R_2=R_3=R_f=100\Omega$，$u_1=u_2=0.2V$，$u_3=0.4V$。

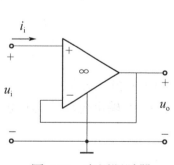

图 6.20　电压跟随器

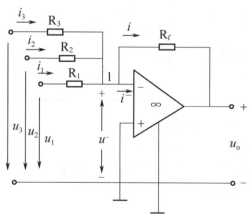

图 6.21　反相加法器

3．实验仪器和器材

（1）数字万用表　　　　　一台
（2）示波器　　　　　　　一台
（3）信号发生器　　　　　一台
（4）电阻（100Ω）　　　四个
（5）电阻（50Ω）　　　　一个
（6）运算放大器　　　　　一个

4．实验内容和步骤

（1）同相比例放大器电路如图 6.19 所示。

① 按表 6.15 和表 6.16 所示内容进行实验，测量并记录。

表 6.15　测量结果

	测　试　条　件	理论估算值	实际测量值
U_o	R_1 开路，直流输入信号 U_i 由零变为 800mV		
U_{R2}			
U_{R1}			
U_o	$U_i = 800mV$，R_1 由开路变为 5kΩ		
U_{R2}			
U_{R1}			

表 6.16　测量结果

直流输入电压 U_i（mV）		30	100	300	1 000	3 000
输出电压 U_o	理论估算值（mV）					
	实测值（mV）					
	误差					

② 断开直流信号源，在输入端加入频率 f =100Hz，u_i=0.5V 的正弦信号，用示波器测量输出端的信号电压 u_o 并用示波器观察 u_o、u_i 的相位关系，记入表 6.17 中。

表 6.17　测量结果

U_i（V）	U_o（V）	u_i 波形	u_o 波形	A_v	
				实测值	计算值

（2）电压跟随器实验电路如图 6.20 所示，接好电路之后，接 12V 的直流电源。

① 按表 6.18 所示内容进行实验，测量并记录。

表 6.18 测量结果

直流输入电压 U_i（mV）		30	100	300	1 000
输出电压 U_o	理论估算（mV）				
	实测值（mV）				
	误差				

② 断开直流信号源，在输入端加入频率 f=100Hz、不同幅值的正弦信号，用示波器测量输出端的信号电压 u_o 并观察 u_o、u_i 的相位关系，记入表 6.19 中。

表 6.19 测量结果

交流输入电压 u_i（mV）		30	100	300	1 000
输出电压 u_o	理论估算（mV）				
	实测值（mV）				
	误差				

（3）加法器（反相求和放大器）实验电路如图 6.21 所示。按表 6.20 所示内容进行实验测量，并与理论计算值进行比较。

表 6.20 测量结果

u_1（V）	0.3	−0.3	−0.2
u_2（V）	0.2	0.2	−0.2
u_3（V）	0.4	−0.4	0.4
u_o（V）			

5. 实验报告要求

（1）总结本实验中 3 种运算电路的特点及性能。

（2）分析理论计算值与实验结果存在误差的原因。

实验 9　音频集成功率放大器

1. 实验目的

（1）学习使用功率放大集成组件制作音频功率放大器。

（2）观察功率放大电路输入、输出波形，测试其性能指标。

2. 实验原理

目前单片集成音频功率放大器的产品很多，并已在收音机、录音机、电子玩具和电视机中得到了广泛应用。本实验使用的是 LA-4100 音频集成功率放大器，它应用范围宽、功耗低，适用于在电池供电的电源下工作。

LA-4100 内部电路如图 6.22 所示。它具有一般集成功率放大器的结构特点，由输入级、中间级和输出级三部分组成。其中，VT_1、VT_2 为差动输入级；VT_7 为两级共发射极放大器，串联构成中间级，因而具有较高的增益；VT_8、VT_{12}、VT_{13} 和 VT_{14} 组成互补输出级，VT_{12}、VT_{13} 组成复合 NPN 管，VT_8、VT_{14} 组成复合 PNP 管；VT_3、R_3、R_5 及 VT_5 构成分压网络，为 VT_1 提供静态偏压，同时为 VT_5、VT_6 组成的镜像电流源提供参考电流，VT_6 作为 VT_4 的有源负载；R_9、VT_9、VT_{10} 和 VT_{11} 用做级间电位平移及直流负反馈，以保持直流平衡，稳定工作点。

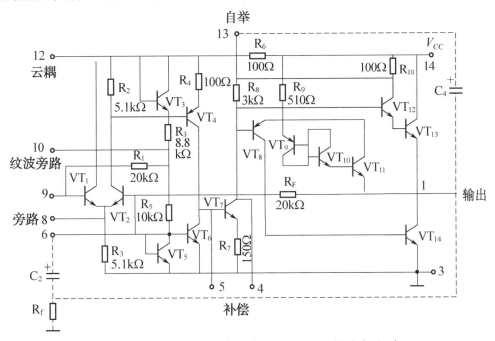

图 6.22　音频集成功率放大器 LA-4100 的内部电路

R_{10} 与外接电容 C_4 组成自举电路，外接电阻 R_f 和电容 C_2 组成交流负反馈电路，改变 R_f 的阻值可以改变组件的电压增益。

如图 6.23 所示为 LA-4100 引脚图。各引脚功能如下所述：

① 引脚为输出端，直流电平应为 $V_{CC}/2$；

②、③引脚为接地端；

④、⑤引脚为接相位补偿电容端；

⑥ 引脚为负反馈端，一般接 RC 串联网络，以构成电压串联负反馈；

⑦、⑪引脚为空引脚；

⑧ 引脚为旁路；

⑨、⑩引脚为输入端；

⑫ 引脚为抑制纹波电压，接入大电解电容；

⑬ 引脚为自举端；

⑭ 引脚为电源端。

音频功率放大实验电路如图 6.24 所示。图中，外接电容 C_1、C_2、C_7 为耦合电容，C_3 为滤波电容，C_4 为自举电容，C_5、C_6 用于消除自激振荡。各元件的参数为：$C_1=C_2=20\mu F$，$C_3=C_4=220\mu F$，$C_5=50pF$，$C_6=560pF$，$C_7=470\mu F$，$R_f=100\Omega$，$R_L=4\Omega$。

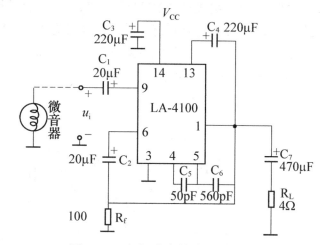

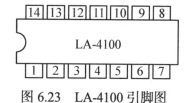

图 6.23　LA-4100 引脚图　　　　图 6.24　音频功率放大电路接线图

几项重要指标及其测量方法如下。

（1）在理想情况下，输出电压的幅值 $U_{om}=V_{CC}/2$，所以最大输出功率为

$$P_{om} = \frac{U_{om}}{\sqrt{2}} \times \frac{I_{om}}{\sqrt{2}} = \frac{V_{CC}^2}{8R_L}$$

用测量法得到的实际最大输出功率为

$$P'_{om} = \frac{U_o^2}{R_L}$$

（2）在理想情况下，直流电源供给的平均功率为

$$P_e = \frac{4P_{om}}{\pi} = \frac{V_{CC}^2}{2\pi R_L}$$

用测量法算出的电源供给的功率为

$$P'_e = V_{CC}I_{co}$$

（3）在理想情况下，最大效率为

$$\eta_m = \frac{P_{om}}{P_e}$$

实际的最大效率为

$$\eta_{\mathrm{m}}' = \frac{P_{\mathrm{om}}'}{P_{\mathrm{e}}'}$$

3．实验仪器和器材

稳压电源（0V~30V）	一台
示波器（5702A）	一台
低频信号发生器（XD-2）	一台
示波器（DA-16）	一台
集成功率组件（LA-4100）	一个
扬声器（8Ω，6W）	一个
电阻、电容	按需配置

4．实验内容与步骤

（1）按如图 6.23 所示电路接线。令 u_{i}=0（输入短路），观察输出有无振荡。如有振荡，改变 C_6 的值可消除振荡。

（2）在输入端接通信号源，u_{i} 的有效值为 5~10mV，频率为 1kHz，用示波器观察 R_{L} 两端的输出电压 u_{o} 的波形。逐渐增加输入电压，直至输出电压刚出现失真时为止，完成表 6.21 所示的测试项目。

表 6.21　测试项目

测　试			计　算	
仪　表	项　目		理　想	实　际
示波器	u_{i}（V）		$P_{\mathrm{om}} = \dfrac{V_{\mathrm{CC}}^2}{8R_{\mathrm{L}}} =$	$P_{\mathrm{om}}' = \dfrac{V_{\mathrm{o}}}{R_{\mathrm{L}}} =$
	V_{o}（V）		$P_{\mathrm{e}} = \dfrac{V_{\mathrm{CC}}^2}{2\pi R_{\mathrm{L}}} =$	$P_{\mathrm{e}}' = V_{\mathrm{CC}} I_{\mathrm{co}} =$
万用表	V_{co}（V）		$\eta_{\mathrm{m}} = P_{\mathrm{om}} / P_{\mathrm{e}} =$	$\eta_{\mathrm{m}}' = P_{\mathrm{om}}' / P_{\mathrm{e}}' =$
	I_{co}（mA）		$A_{\mathrm{u}} = u_{\mathrm{o}} / u_{\mathrm{i}} =$	

注：表中的 I_{co} 为 V_{CC} 供给组件的直流电流值，可断开 A 点，串入万用表（电流挡）测得。

（3）逐渐减小输入电压，观察输出电压波形的变化。断开自举电容 C_4，观察并画出此时的输出电压波形。调节 u_{i} 使 u_{o} 波形刚好不失真，记下此时的 u_{o} 与 I_{co} 值。

（4）用微音器代替信号源，用扬声器代替电阻 R_{L}。向微音器说话，注意听扬声器发出的声音。

5．实验报告要求

（1）完成表 6.21 所示的计算，并与实测值相比较。

（2）说明 P_{om}、P_e、η 测量值偏离理想值的主要原因。

6. 思考题

（1）复习互补对称功率放大器的工作原理，分析本实验电路的工作原理。

（2）在如图 6.24 所示的电路图中，已知 $V_{CC}=6V$，$R_L=4\Omega$，估算该电路的 P_{om}、P_E 及 η 的值。

实验 10　RC 正弦振荡器

1. 实验目的

（1）掌握 RC 正弦波振荡器的工作原理，验证稳幅振荡时的振荡条件 $AF=1$。

（2）熟悉负反馈强弱对振荡器工作的影响。

（3）学习测量振荡频率和幅度的方法。

2. 实验原理

（1）用线性组件 LF353（双运放）或 LM741（单运放）为主体组成 RC 正弦波振荡器电路。

① 线性组件 LF353、LM741 的结构与引脚排列如图 6.25 所示。

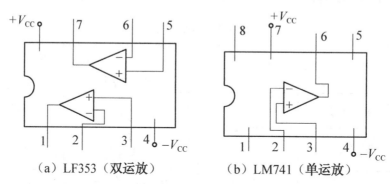

（a）LF353（双运放）　　　（b）LM741（单运放）

图 6.25　LF353、LM741 的结构与引脚排列

② 电路组成如图 6.25 所示，用 LF353 及阻容元件组成。阻容元件参数参考值为：$R_w=10k\Omega$，$R_1=3k\Omega$，$R_3=R_2=1.5k\Omega$，$C_1=C_2=0.01\mu F$。

（2）基本原理。RC 串并联正弦振荡电路由下以下部分组成。

① 放大部分：包含运算放大器 LF353（任选一个运放）；R_1、R_w 组成稳幅环节，它和运算一起构成基本放大电路。

② 选频网络：由 R_3、C_1 串联和 R_2、C_2 并联组成。

③ 正反馈网络：由 R_3、C_1 跨接于放大器输入、输出之间来形成。R_3、C_1 和 R_2、C_2 串并联，与放大器结合构成具有选频特性的正反馈网络。

由选频网络的特性可知，网络的固有频率 $f_0=\dfrac{1}{2\pi RC}$（$R_2=R_3=R$，$C_1=C_2=C$）。在此频率下，放大器输出电压与反送到同相输入端的电压相位相同，满足正反馈，其正反馈系数 $F=\dfrac{u_{i+}}{u_o}=\dfrac{1}{3}$ 为最大。根据正弦振荡电路的自激振荡条件可知，该频率必须满足自激振荡的要求。但由于运算放大器开环增益 A 很大，故 $AF=A\cdot 1/3\geqslant 1$，输出电压波形产生严重的失真（近似为方波）。为此在电路中加入 R_1、R_w 组成的负反馈，目的就是为了消除失真。这样基本放大电路就成为具有负反馈网络的同相输入放大器。其中，$A_{vf}=1+\dfrac{R_w}{R_1}$。

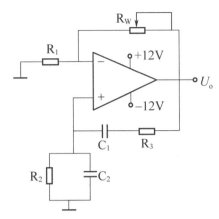

图 6.26　RC 串并联正弦振荡电路

调节 R_w 的值便可以改变基本放大电路的电压放大倍数。根据正弦振荡电路幅值平衡条件 $A_{vf}\cdot F=1$ 可知，当 $A_{vf}\cdot F<1$ 即 $1+\dfrac{R_w}{R_1}<3$ 时，不会发生振荡；当 $A_{vf}\cdot F\geqslant 1$ 即 $1+\dfrac{R_w}{R_1}\geqslant 3$ 时，输出为正弦波。

3．实验仪器和器材

稳压电源（±12V）	一台
示波器	一台
电阻、电容	按需配置
运算放大器	一个

4．实验内容和步骤

（1）按如图 6.26 所示连好线路，检查无误后通入±12V 电源。

（2）观察负反馈对输出波形的影响。用示波器观察输出波形，调节 R_w，观察 u_o 波形的变化，将结果填入表 6.22 中。

表 6.22　测量结果

负反馈强弱	u_o 波形
弱（$R_w\uparrow$）	
强（$R_w\downarrow$）	
适合（$R_w\beta$）	

（3）测量振荡频率。调节 R_w，使输出为稳定的不失真正弦波时测量输出信号频率。

测量频率的方法根据使用设备的不同，有下述三种方法。

① 用频率计（数字式）测频率。将频率计输入端连接振荡器的输出端，调节频率计的频率挡级及相关旋钮（或按钮），直接读出振荡频率。

② 用 ST-16 示波器（或其他类型示波器）测量频率。将振荡器输出端接示波器任一路输入，示波器的触发选择"自动"挡（选择"常态"挡时，需调节触发电平旋钮），控制 Y 轴衰减，使波形大小合适，选择适当的扫描时间，读出振荡信号的周期，即可算出频率。

③ 测量基本放大电路的电压放大倍数 A_{vf}。在上述振荡器维持稳定正弦振荡时，用示波器测出输出电压值。断开 RC 串并联网络，在放大器的同相输入端输入正弦信号，其频率与振荡频率相同，调节信号源的输出电压，使放大器输出电压 u_o 与原来振荡时的输出值相同。此时用示波器测量放大器的输入信号电压 u_i，计算电压放大倍数，结果记入表 6.23 中。

表 6.23　测量结果

振荡频率		电压放大倍数测试	
f（kHz）	u_o（V）	u_i（mV）	A_{vf}

5．实验报告要求

（1）总结 RC 正弦振荡电路产生振荡的条件。

（2）将实测频率和理论值进行比较，分析产生误差的原因。

6．思考题

（1）在正弦振荡电路中，产生振荡的必要条件是电路必须是具有正反馈的闭环系统。那么为什么在电路中还要加入负反馈呢？

（2）为了减小正弦振荡电路受环境温度变化的影响，常在 R_w 支路中串联一个负温度系数的热敏电阻 R_t，其基本原理是什么？

7．注意事项

（1）由于电路采用双电源，一定要注意双电源的极性及电路地线的连接方法。

（2）在小面包板上搭电路时，要弄清楚面包板的结构，电路元件布局要宽松。

（3）连线时，所用仪器设备的地线一定要与电路的地线连好。

6.3　数字电路实验

本节要求学生进一步理解和掌握数字集成电路的一般知识、型号及使用注意事项，掌握数字电路的测试方法和排除故障的步骤。

实验 11　门电路的逻辑功能测试

1．实验目的

（1）验证常用 TTL、CMOS 集成门电路逻辑功能。
（2）掌握各种门电路的逻辑符号。
（3）了解集成电路的外引线排列及其使用方法。

2．实验原理

集成逻辑门电路是最简单、最基本的数字集成元件。任何复杂的组合电路和时序电路都可用逻辑门通过适当的组合连接而成。目前已有门类齐全的集成门电路，如与门、或门、非门、与非门等。虽然中、大规模集成电路相继问世，但在组成某一系统时，仍少不了各种门电路。因此，掌握逻辑门的工作原理，熟练、灵活地使用逻辑门是数字技术工作者必备的基本功之一。

（1）TTL 门电路

TTL 集成电路由于工作速度高、输出幅度较大、种类多、不易损坏而得到广泛使用，特别是学生进行实验论证时，选用 TTL 电路比较合适。因此，本书大多采用 74LS（或 74）系列 TTL 集成电路。它的工作电源电压为（5±0.5）V，逻辑高电平时大于 2.4V，低电平时小于 0.4V。

如图 6.27 所示为 2 输入与门、2 输入或门、2 输入或 4 输入与非门和非门的逻辑符号图。它们的型号分别是 74LS08（2 输入端四与门）、74LS32（2 输入端四或门）、74LS00（2 输入端四与非门）、74LS20（4 输入端二与非门）和 74LS04（六非门）。TTL 集成门电路外引脚分别对应逻辑符号图中的输入、输出端。电源和地一般为集成块的两端，如 14 引脚集成电路，则⑦引脚为电源地（GND），⑭引脚为电源正（V_{CC}），其余引脚为输入和输出，如图 6.28 所示。

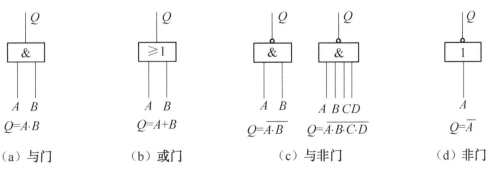

| (a) 与门 | (b) 或门 | (c) 与非门 | (d) 非门 |

$Q=A\cdot B$　　$Q=A+B$　　$Q=\overline{A\cdot B}$　　$Q=\overline{A\cdot B\cdot C\cdot D}$　　$Q=\overline{A}$

图 6.27　几种逻辑符号图

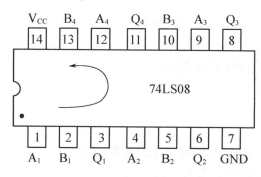

图 6.28　集成电路引脚排列

外引脚的识别方法是：将集成块正面对准使用者，以凹口左边或小标志点"·"为起始引脚①，逆时针方向向前数 1、2、3、…、n 引脚。使用时，查找 IC 手册即可知各引脚功能。

（2）CMOS 门电路

CMOS 集成电路功耗极低、输出幅度大、噪声容限大、扇出能力强、电源范围较宽，所以应用很广泛。但应用 CMOS 电路时，必须注意以下几个方面：

① 不用的输入端不能悬空。

② 电源电压应正确使用，不得反接。

③ 焊接或测量仪器必须可靠接地。

④ 不得在通电情况下，随意插拔输入接线。

⑤ 输入信号电平应在 CMOS 标准逻辑电平之内。

CMOS 集成门电路逻辑符号、逻辑关系及外引脚排列方法均同 TTL，所不同的是型号和电源电压范围。

选用 CC4000（CD4000）系列的 CMOS 集成电路，电源电压范围为 3～18V；而选用 C000 系列的 CMOS 集成电路，电源电压范围为 7～15V。因此，设计 CMOS 电路时应注意对电源电压的选择。

3. 实验仪器和器材

面包板	三块
直流稳压电源	一台
集成电路 74LS08、74LS32、74LS20、74LS00、74LS04、CD4002	各一片
万用表	一台

4. 实验内容和步骤

（1）TTL 门电路逻辑功能验证

① 在实验系统（箱）上找到实验用的门电路，并把输入端接实验箱的逻辑开关，输出端接发光二极管，如图 6.29（a）所示，按 TTL 与门电路逻辑功能验证接线图。若实

验系统上无门电路集成元件,可把相应型号的集成电路插入实验箱集成块空插座上,再接上电源正、负极,输入端接逻辑开关,输出端接 LED 发光二极管,即可进行验证实验,如图 6.28(b)所示。

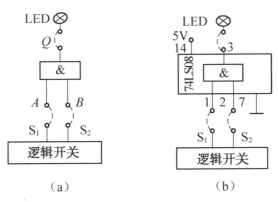

（a）　　　　　　　　　　（b）

图 6.29　TTL 门电路实验接线图

② 按表 6.24 中"与门"一栏所示输入 A、B（0，1）信号,观察输出结果（看 LED 备用发光二极管,如灯亮为 1,灯灭则为 0）并填入表 6.24 中,再用万用表测量电平值。

③ 按同样方法验证或门 74LS32 和与非门 74LS00、74LS20,以及非门 74LS04 的逻辑功能,并把结果填入表 6.24 中。

 注意

TTL 门电路的输入端若不接信号,则视为 1 电平,在拔插集成块时,必须切断电源。

表 6.24　门电路逻辑功能表

输　　　　入				输　　出				
				与门	或门	与非门		反相器
D	C	B	A	Q=AB	Q=A+B	$Q=\overline{AB}$	$Q=\overline{ABCD}$	$Q=\overline{A}$
0	0	0	0					
0	1	0	1					
1	0	1	0					
1	1	1	1					

（2）CMOS 门电路逻辑功能验证

CMOS 门电路的逻辑功能验证方法同 TTL 门电路。为简便起见,这里仅以 CMOS 或非门逻辑功能验证为例,选用 CD4002（四输入二或非门）集成块进行验证。

① 实验验证线路图如图 6.30 所示。如图 6.30（a）所示为或非门逻辑符号,如图 6.30（b）所示为接线图。不用的多余输入端应可靠接地。

② 按如图 6.30（b）所示接线,输入端接 $S_1 \sim S_3$ 逻辑开关,输出端通过一个 400Ω

的电阻接 LED 发光二极管，电源电压选用 5V，⑭引脚接+5V，⑦引脚接地。

③ 接通电源，拨动逻辑开关，输入相应的信号，验证其功能是否满足或非门逻辑表达式 Q=A+B+C（表格自拟）。

④ CMOS 集成电路与 TTL 集成电路不同，多余不用的门电路或触发器等，其输入端都必须进行处理，在工程技术中也是如此。此外，在实验时，当输入端需要改接连线时，不得在通电情况下操作，均需先切断电源，改接连线后，再通电进行实验。输出一般无须做保护处理。

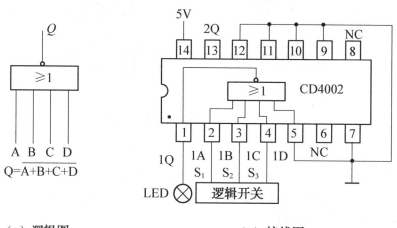

（a）逻辑图   （b）接线图

图 6.30　CMOS 或非门逻辑功能验证图

⑤ 用万用表测量 CMOS 电路 0 和 1 电平数值。

5．实验报告要求

（1）画出实验用门电路的逻辑符号，并写出其逻辑表达式。

（2）整理实验表格。

（3）TTL、CMOS 集成电路的高电平（1）、低电平（0）值分别是多少？

常见各种门电路的逻辑表达式、逻辑符号及参考型号见表 6.25。

表 6.25　各种门电路的逻辑表达式、逻辑符号及参考型号

类　型	逻　辑　式	逻 辑 符 号	参考型号
与门	$Y = A \cdot B$	A —[&]— Y B	7 408 4 801 4 802
或门	$Y = A + B$	A —[≥1]— Y B	7 432 4 071 4 075

续表

类　型		逻　辑　式	逻　辑　符　号	参考型号
缓冲器	无放大作用	$Y = A$	A —[1]— Y	4 050
	有放大作用		A —[▷]— Y	7 407
非门	无放大作用	$Y = \overline{A}$	A —[1]— Y	7 404 4 049 4 069
非门	有放大作用	$Y = \overline{A}$	A —[▷]— Y	7406
与非门		$Y = \overline{A \cdot B}$	A —[&]○— Y B —	7400 4011 4012 4023
或非门		$Y = \overline{A + B}$	A —[≥1]○— Y B —	7402 4001 4002 4025
与或非门		$Y = \overline{1A \cdot 2A + 1B \cdot 2B}$	$1A$ —[&][≥1]○— Y $2A$ — $1B$ —[&] $2B$ —	7451 4085
异或门		$Y = A \oplus B = A \cdot \overline{B} + \overline{A} \cdot B$	A —[=1]— Y B —	7486 4070

6．预习要求

（1）复习门电路的逻辑功能及各逻辑函数表达式。

（2）查找集成电路手册，画好进行实验用的各芯片引脚图、实验接线图。

（3）预习 CMOS 电路使用注意事项。

（4）画好实验用表格。

（5）用门电路完成下列逻辑变换，并画出逻辑线路图。

① $Q = AB + CD$；

② $Q = \overline{A}B + \overline{AB}$；

③ $Q = (AB + CD) \cdot \overline{EF}$。

实验 12　组合逻辑电路

1. 实验目的

（1）了解编码器、数据选择器、数字比较器的性能及使用方法。

（2）了解七段数码管和七段编译码器的性能及使用方法。

2. 实验原理

（1）编码、译码、显示原理如图 6.31 所示。该原理电路由编码器和译码器及显示器构成。

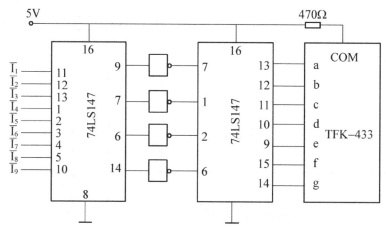

图 6.31　编码、译码、显示原理

（2）数值比较原理如图 6.32 所示。图中编码器提供 A 组数据，B 组数据由数据开关提供，逻辑显示器分别显示大于、小于和等于三种逻辑结果。

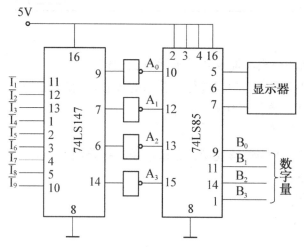

图 6.32　数值比较原理

（3）数据选择原理如图 6.33 所示。图中编码器为数据选择器提供输入信号，数据选择器地址 A_1、A_0 有不同的组合时，就可将输入信号分别显示在逻辑显示器上。

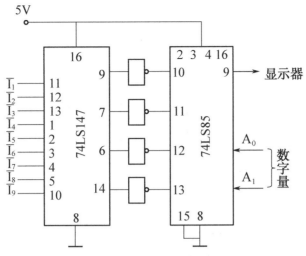

图 6.33　数据选择原理

3. 实验内容

（1）按图 6.31 所示接线，将实验结果填入表 6.26 中。

表 6.26　测量结果

$\overline{I_i}$	X	$\overline{I_1}$	$\overline{I_2}$	$\overline{I_3}$	$\overline{I_4}$	$\overline{I_5}$	$\overline{I_6}$	$\overline{I_7}$	$\overline{I_8}$	$\overline{I_9}$
显示										

（2）按图 6.32 所示接线，将结果填入表 6.27 中。

表 6.27　测量结果

B_3B_2 B_1B_0	$\overline{X}$			$\overline{I_1}$			$\overline{I_2}$			$\overline{I_3}$			$\overline{I_4}$			$\overline{I_5}$			$\overline{I_6}$			$\overline{I_7}$			$\overline{I_8}$			$\overline{I_9}$		
	L	M	G	L	M	G	L	M	G	L	M	G	L	M	G	L	M	G	L	M	G	L	M	G	L	M	G	L	M	G
0000																														
0001																														
0010																														
0011																														
0100																														
0101																														
0 110																														
0 111																														

B_3B_2 B_1B_0	$\overline{X}$ LMG	$\overline{I_1}$ LMG	$\overline{I_2}$ LMG	$\overline{I_3}$ LMG	$\overline{I_4}$ LMG	$\overline{I_5}$ LMG	$\overline{I_6}$ LMG	$\overline{I_7}$ LMG	$\overline{I_8}$ LMG	$\overline{I_9}$ LMG
1 000										
1 001										
1 010										
1 011										
1 100										
1 101										
1 110										
1 111										

（3）按图 6.33 所示接线，将结果填入表 6.28 中。

表 6.28　测量结果

A_1	A_0	X	$\overline{I_1}$	$\overline{I_2}$	$\overline{I_3}$	$\overline{I_4}$	$\overline{I_5}$	$\overline{I_6}$	$\overline{I_7}$	$\overline{I_8}$	$\overline{I_9}$
0	0										
0	1										
1	0										
1	1										

4．实验报告

（1）总结本次实验的体会。

（2）举例说明编码器、数据选择器和数值比较器的用途。

5．实验设备

74LS147 一片，74LS153 一片，74LS85 一片，74LS47 一片，T065（2 输入四与非门）一片，TFK-433 一片，470Ω电阻一个。

实验 13　触发器

1．实验目的

（1）学习用与非门组成基本 RS 触发器，验证基本 RS 触发器、D 触发器及 JK 触发器的逻辑功能。

（2）学会用示波器观察计数器的波形与比较相位。

2．实验原理

（1）D 触发器

D 触发器大部分为维持阻塞型触发器，使用时要查清所用集成块的型号、外形及引线排列。其特性方程为

$$Q_{n+1} = D$$

（2）JK 触发器

使用 JK 触发器时要查清所用集成块引线排列。其特性方程为

$$Q_{n+1} = J\overline{Q_n} + \overline{K}Q_n$$

3．预习要求

（1）熟悉所用器件引脚的排列。

（2）按表 6.29 ~ 表 6.32 所示内容写出逻辑状态真值表。

（3）JK 触发器和 D 触发器的触发方式有何不同？

4．实验内容及步骤

（1）D 触发器逻辑功能的测试

① $\overline{R_D}$、$\overline{S_D}$ 功能的测试。接通电源，CP、D 端接高电平或低电平。按表 6.29 所示，设置 $\overline{R_D}$、$\overline{S_D}$ 的高、低电平，用万用表（或发光二极管显示电路状态）读取 Q 与 $\overline{Q}$ 端的状态。

表 6.29 测量结果

$\overline{R_D}$	$\overline{S_D}$	Q（V）	$\overline{Q}$(V)	Q 逻辑状态
0	1			
1	0			

② D 端功能测试。$\overline{R_D}$、$\overline{S_D}$ 接高电平，D 端接到高、低电平开关，CP 接至单脉冲发生器的输出，按表 6.30 所示内容验证触发器的逻辑功能。注意状态变化发生在 CP 的上升沿还是下降沿。

表 6.30 测量结果

CP	D	Q_n	Q_{n+1}
↑	1	0	
↑	1	1	
↑	0	0	
↑	0	1	

③ CP 接连频率 f=50kHz、脉宽 T_w=6μs、V_m=3V 的脉冲波，触发器接成计数状态，即 $\overline{Q}$ 与 D 相连，观察输出波形和 CP 波形，并记录。注意比较两个波形之间的相位对应关系。

（2）JK 触发器逻辑功能的测试

① $\overline{R_D}$、$\overline{S_D}$ 接高、低电平开关，CP、J、K 端接高电平或低电平，按表 6.31 所示内容验证 Q 端的高、低电平是否符合要求。

表 6.31　测量结果

$\overline{R_D}$	$\overline{S_D}$	Q	$\overline{Q}$
0	1		
1	0		

② CP 端接单脉冲发生器，J、K 端接高低电平开关，验证 J、K 触发器的逻辑功能，填入表 6.32 中（↓表示脉冲下降，↑表示脉冲上升）。

表 6.32　测量结果

CP	J	K	Q_n	Q_{n+1}
↑	0	0	0/1	/
↓	0	0	0/1	/
↑	0	1	0/1	/
↓	0	1	0/1	/
↑	1	0	0/1	/
↓	1	0	0/1	/
↑	1	1	0/1	/
↑	1	1	0/1	/

③ CP 接连续脉冲，J、K 接高电平，观察并记录输出和 CP 的波形，比较两者之间的相位关系。

5. 实验报告要求

（1）对实验数据及表格进行简要分析，弄清触发器的逻辑功能及特点。

（2）比较基本 RS 触发器、JK 触发器、D 触发器的逻辑功能和触发方式有何不同。

（3）进行 JK 触发器逻辑功能的测试。

（4）根据 CP 脉冲和 D 触发器画出 T 计数触发器时的 Q 端波形关系，体会分频概念。

6. 实验设备

SR8 型（ST-16）示波器一台；XD22 信号发生器一台；稳压电源一台；万用表一只；数字电路学习机（板）一台；具有 0、1 电平的开关（或数据开关）；4 位发光二极管显示电路；单脉冲发生器。

参考元件：T063、T065、T076（单 D 触发器）、T078（单 JK 触发器）。

实验 14　计数器

1. 实验目的

（1）学习查阅手册，掌握集成计数器的使用方法和级联方法，了解使能端的作用。
（2）学习测试集成计数器逻辑功能的方法。
（3）学习分析与排除故障的方法。
（4）巩固计数器（分频器）的知识。

2. 实验原理

（1）加法计数。用两片 74LS192 集成电路组成 2 位十进制加法计数器。先将计数器置零，然后输入计数脉冲，使其进行 00～99～00 的加法计数。用数码管显示计数结果。
（2）置数。将数据输入端接到逻辑开关上，用置入控制端将计数器置成 79。
（3）减法计数。用两片 74LS192 组成 2 位十进制减法计数器。实现从 79～00 的递减计数。要求减到 00 时，发出一个信号。

3. 实验预习要求

（1）画出实验内容的各实验电路图。
（2）在图 6.34 上，画出用两片 74LS192 组成的 2 位十进制减法计数器的连线图。
（3）为了置数 79，各逻辑开关的位置应如何设置？

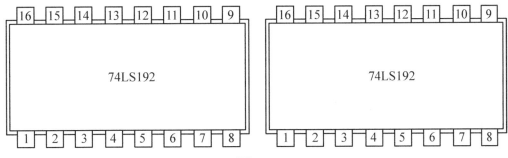

图 6.34

4．实验报告要求

（1）画出实验电路图，可以加各种简单门电路。

（2）说明 74LS192 的使用方法：加法计数、减法计数、清除、置数、级联等。

（3）说明构成任意进制的一种方法。

实验 15　555 集成定时器及其应用

1．实验目的

（1）熟悉 555 集成定时器的结构及工作原理。

（2）会用 555 集成定时器构成多谐振荡器、单稳态触发器和施密特触发器。

2．实验原理

555 集成定时器是一种能产生时间延迟和多种脉冲信号的控制电路。它有双极型和 CMOS 两种类型。下面以 CMOS 集成定时器的典型产品 CC7555 为例进行介绍。

CC7555 是采用双列直插式封装的 CMOS555 集成定时器，它的电路结构和引脚端功能如图 6.35 所示。

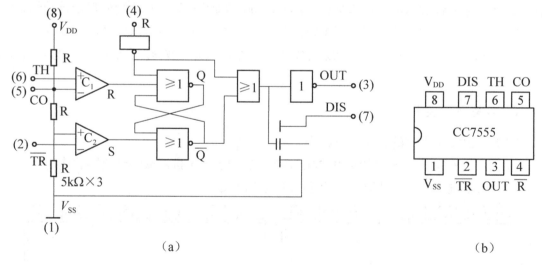

（a）　　　　　　　　　　　　　　　　（b）

图 6.35　CC7555 集成定时器

电路包括三个严格相等的 $5k\Omega$ 电阻组成的电阻分压器，两个集成运算放大器 C_1、C_2 组成的电压比较器，基本 RS 触发器，MOS 管开关和输出缓冲器几个基本单元。其具体逻辑功能见表 6.33。

555 定时器应用十分广泛。该定时器电路若外接适当的 RC 定时元件，可构成电路简单、工作可靠的多谐振荡器、单稳态触发器和施密特触发器。

表 6.33　555 定时器逻辑功能

TH	$\overline{\text{TR}}$	$\overline{\text{R}}$	OUT	DIS
×	×	低	低	导通
> （2/3）V_{DD}	> （1/3）V_{DD}	高	低	导通
< （2/3）V_{DD}	> （1/3）V_{DD}	高	保持	保持
×	< （1/3）V_{DD}	高	高	截止

3. 实验内容及步骤

（1）验证 CC7555 定时器的逻辑功能。

① 按如图 6.36 所示接好线，当 $\overline{\text{R}}$ 为高电平时，分别观察 TH > （2/3）V_{DD}，$\overline{\text{TR}}$ > （1/3）V_{DD}；TH < （2/3）V_{DD}，$\overline{\text{TR}}$ > （1/3）V_{DD}；TH 任意（大于（2/3）V_{DD} 或小于（2/3）V_{DD}），$\overline{\text{TR}}$ < （1/3）V_{DD} 这 3 种不同情况下的 OUT 和 DIS 的变化情况，并将结果记入表 6.34。

② 当 $\overline{\text{R}}$ 接地时，上述 3 种情况下 OUT 和 DIS 端有何变化？将结果记入表 6.34 中。

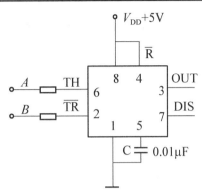

图 6.36　CC7555 定时器功能测试

表 6.34　555 定时器逻辑功能测试表

TH	$\overline{\text{TR}}$	$\overline{\text{R}}$	OUT	DIS
> （2/3）V_{DD}	> （1/3）V_{DD}	高		
< （2/3）V_{DD}	> （1/3）V_{DD}	高		
×	< （1/3）V_{DD}	高		
×	×	低		

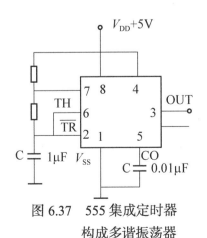

图 6.37　555 集成定时器
构成多谐振荡器

（2）用 555 集成定时器构成多谐振荡器，并验证其逻辑功能。多谐振荡器是一种能自动反复输出矩形脉冲的自激振荡电路，常用做产生标准频率信号的脉冲发生器。按如图 6.37 所示接好线，经检查无误后，接通电源，用示波器观察输出端 OUT 的波形，并测量其振荡周期 T。

（3）用 555 集成定时器构成单稳态触发器，并验证其逻辑功能。单稳态触发器在外加触发信号的作用下，可从稳态翻转为暂稳态。经过一段时间的延迟后会自动从暂稳态翻转回稳态，并输出具有一定脉冲宽度的矩形波。利用其特性，可实现脉冲的整形、定时和延时控制。

按如图 6.38 所示电路接好线。在输入端 V_i 输入一个频率为 1kHz 的负脉冲触发信号，用双踪示波器观察输入、输出波形，并在坐标纸上绘出 V_i、V_o 波形；测量输出脉冲宽度 T_w。

（4）将 555 集成定时器构成施密特触发器，并验证其逻辑功能。施密特触发器是一种特殊的双稳态电路，电路的维持和翻转依赖于外加输入端的电平，两个稳态的触发电平存在"回差"，利用其特性可以对波形进行变换与整形。

按如图 6.39 所示电路接好线。在输入端 V_i 输入一个频率为 1kHz、幅值为 4V 的正弦波，用双踪示波器观察输入、输出波形，并在坐标纸上绘出 V_i、V_o 的对应波形。

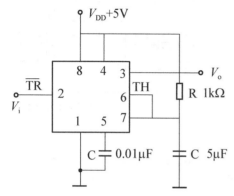

图 6.38　555 构成单稳态触发器

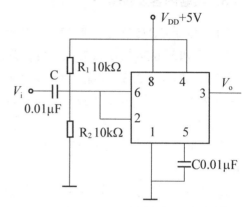

图 6.39　555 构成施密特触发器

4．实验报告要求

（1）整理 555 集成定时器的逻辑功能实验结果，填入表 6.34 中。

（2）根据公式 $T \approx 0.7(R_1 + 2R_2)C$ 计算出多谐振荡器的周期 T，并与实验结果相比较。

（3）将实验的单稳态触发器输出的脉宽与理论值 $T_w \approx 1.1RC$ 相比较，分析产生误差的原因。

（4）用坐标纸绘出施密特触发器输入 V_i 与输出所对应的波形。

5．预习和实验准备

（1）复习 555 集成定时器的工作原理及外接引脚功能。

（2）计算出多谐振荡器的振荡周期和单稳态触发器的脉冲宽度 T_w。

6．实验仪器和器材

数字逻辑实验箱，双踪示波器 SR8，低频信号发生器 XD22，滑动变阻器，CC7555 集成定时器，电阻、电容元件。

7．补充资料

555 集成定时器具有外加信号使其触发翻转的特点，又有定时和延时的作用。只要巧妙地利用这些特点，就可连接成多种实用电路。下面举几个应用实例，以帮助读者拓宽思路。

（1）节电楼梯灯

如图 6.40 所示是节电楼梯灯控制电路。该灯平时耗电很少，在有人上、下楼时，只要按开关 AN，就可使楼梯灯点亮，约 2min 后即自动熄灭。

图 6.40 中 555 集成定时器构成了单稳态触发电路。平时，触发端 $\overline{TR}$ ②是高电平，输出 $V_o=0$，继电器 J 不吸合，楼灯 Z_D 不亮。这时内部放电开关导通，电容 C_T 上电压为零，使输出保持 0 状态，控制电路处于稳态。

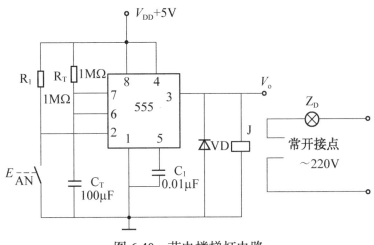

图 6.40　节电楼梯灯电路

当有人用灯时，只要按一下开关 AN，触发器 $\overline{TR}$ ②的电位便从高电平下降到低电平，输入一个负脉冲，使输出端 $V_o=1$，继电器 J 吸合，楼梯灯亮。同时，内部放电开关打开，电源电压通过 R_T 向电容 C_T 充电，暂稳态开始。经过一段时间后，电容 C_T 上的电压上升到 $\dfrac{2}{3}V_{DD}$ 时，输出端翻转成 $V_o=0$。此时，暂稳态结束，又恢复成稳态。继电器释放，楼梯灯熄灭。

（2）波形整形电路

如图 6.41 所示是把 555 集成定时器接成施密特触发电路，用做波形整形的电路。

在数字电路中，矩形脉冲波经过长距离传输后，往往会发生波形畸变。这是因为传输线很长时，两根线之间相当于一个较大的电容，由于电容的充放电作用，使原来边沿陡直的矩形脉冲变成锯齿波，产生明显的畸变。如果把这种畸变波形送入电路输入端，根据施密特触发器的特点，在输出端 V_o 可得到较理想的矩形波形。

（3）逻辑测试笔

如图 6.42 所示是用 555 集成定时器接成的逻辑测试笔电路，用于检测数字电路的逻辑状态。当输入端 V_i 加低电平"0"时，输出端 OUT 为高电平"1"，发光二极管 LED_2 亮；当输入端 V_i 加的是高电平"1"时，输出端 OUT 为低电平"0"，发光二极管 LED_1

亮。如果将 LED_1 和 LED_2 发光二极管分别用红、绿两种颜色区别,就可通过不同的颜色很方便地检测出数字电路的逻辑状态。若把输入端做成探针形状,把整个电路封装成一个微型筒状,就构成一支逻辑测试笔。

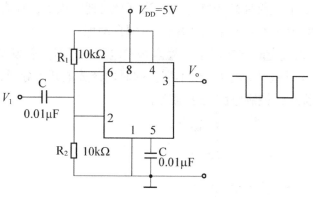

图 6.41　波形整形电路

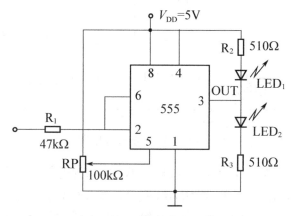

图 6.42　逻辑测试电路

（4）简易 NPN 型晶体管测试器

如图 6.43 所示是用 555 集成定时器构成的简易 NPN 型晶体管测试器。

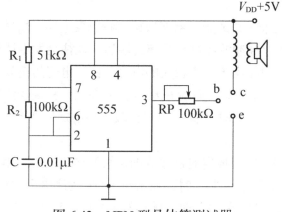

图 6.43　NPN 型晶体管测试器

当晶体管插入并与测试孔接触良好后，若扬声器发声，可判断此管是好的，不发声则是坏的，且 β 值愈高，则声音愈响。请读者自行分析其工作原理。

实验 16   D/A 和 A/D 转换器

1. 实验目的

（1）了解 D/A 与 A/D 转换器的工作原理。

（2）了解 D/A 与 A/D 转换器的使用方法。

2. 预习要求

（1）了解本次实验的原理。

（2）了解 DAC0832 芯片与 ADC0809 芯片的引脚图及各引脚功能。

3. 实验原理

随着微机和电子技术的发展，A/D 和 D/A 转换器的应用越来越普遍。例如，用电子计算机对生产过程进行控制时，由于被控对象转换过来的是模拟信号，而计算机只能识别和处理数字信号，所以要将模拟信号转换成数字信号，才能送到计算机中进行运算和处理；然后还要将经计算机处理得出的数字量转换为模拟量，才能实现对模拟量进行控制。所以用计算机去控制模拟量的对象时，必须应用 A/D 和 D/A 转换技术。

（1）D/A 转换器

能把数字量转换为模拟量的装置称为数/模转换器，简称 D/A 转换器（DAC）。

① 引脚功能。D/A 转换器的芯片种类很多，但基本结构类似。如图 6.44 所示为一种常用 8 位芯片 DAC0832 的内部结构框图。DAC0832 是由双缓冲寄存器和 R-2R 梯形 D/A 转换器组成的 CMOS 芯片，采用 20 条引脚双列直插式封装，与 TTL 电平兼容，其引脚排列如图 6.45 所示。各引脚功能说明如下。

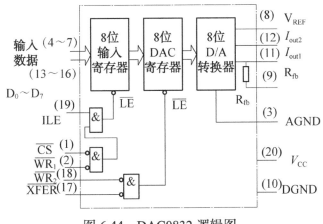

图 6.44　DAC0832 逻辑图　　　　　图 6.45　DAC0832 引脚图

- $D_7 \sim D_0$：8 位数据输入线，D_7 是最高位，D_0 是最低位。

- I_{out1} 和 I_{out2}：模拟电流输入端。当输入数据全为 1 时，I_{out1} 最大，I_{out2} 最小；当输入数据全为 0 时，I_{out1} 最小，I_{out2} 最大，且 $I_{out1}+I_{out2}=$ 常数。当接入运算放大器时，使运算的输入电流保持恒定，以提高运算精度。

- R_{fb}：反馈电阻输入端，作为外接运放的电流反馈电阻。

- V_{REF}：参考电压输入端。该端将一个外部标准电压源和芯片的 R-2R 网络相接。电压范围为 ± 10V。

- V_{CC}：芯片电源电压，其值为+5 ~ +15V。

- AGND 和 DGND：分别为模拟地和数字地。两者要就近一点连接，而不要交叉多点连接，以防止数字信号干扰微弱的模拟信号。

- $\overline{CS}$：片选输入端，低电平有效，与 ILE 共同作用，对 $\overline{WR_1}$ 信号进行控制。

- ILE：输入寄存器的锁存信号，高电平有效。

- $\overline{WR_1}$：写信号 1，低电平有效。当 $\overline{WR_1}$ 为 0，$\overline{CS}$ 为 0，且 ILE 为 1 时，将输入数据锁存到输入寄存器内。

- $\overline{WR_2}$：写入信号 2，低电平有效。当 $\overline{WR_2}$ 为 0，且 $\overline{XFER}$ 为 0 时，将输入寄存器中的数据锁存到 8 位 DAC 寄存器内。

- $\overline{XFER}$：传输控制信号，低电平有效。

② 工作方式。由于 DAC0832 内部有两级缓冲寄存器，所以可以方便地选择三种工作方式。

- 直通式：$\overline{WR_1}$、$\overline{WR_2}$、$\overline{XFER}$ 和 $\overline{CS}$ 端接地，而 ILE 端接高电平，即不用写信号控制，使输入数据直接进入 D/A 转换器。

- 单缓冲式：两个寄存器之一处于直通状态，另一个寄存器处于受控状态，输入数据只经过一个寄存器缓冲控制后进入 D/A 转换器。

- 双缓冲式：两个寄存器均处于受控状态，即用 $\overline{WR_1}$ 和 $\overline{WR_2}$ 分两步控制，输入数据要经过两个寄存器缓冲控制后才进入 D/A 转换器。在这种方式下，可使 D/A 转换器在输出前一个数据的同时，采集下一个数据，以提高转换速度。

③ 转换公式。为了将模拟电流转换成模拟电压，需要把 I_{out1} 和 I_{out2} 分别接到运算放大器的两个输入端上，经过一级运放后得到单极性电压输出，再由第二级运放反相求和，可得到双极性电压输出，如图 6.46 所示。

转换公式如下：

第一级运放的输出电压为

$$U_{A1} = -V_{REF}\frac{D}{2^8}$$

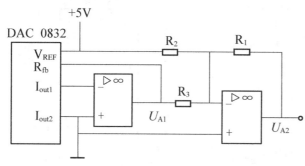

图 6.46　DAC0832 工作在双极性方式下

式中，D 为输入数字量的十进制数。

第二级运放的输出电压为

$$U_{A2} = -(2U_{A1} + V_{REF}) = \frac{D-128}{128}V_{REF}$$

图 6.46 中，取 $R_1 = R_2 = 2R_3$。

④ 主要技术指标。

- 分辨率：通常用最小输出电压 U_{omin} 与最大输出电压 U_{omax} 之比来表示分辨率。对 n 位的 D/A 转换器来说，它的分辨率为 $\frac{1}{2^N-1}$，约为 $\frac{1}{2^N}$。显然，位数多的 D/A 转换器分辨率高。

- 线性度：通常用非线性误差的大小来表示 D/A 转换器的线性度。把偏离理想输入–输出特性的偏差与满刻度输出之比的百分数定义为非线性误差。这种非线性误差主要是由转换网络和运算放大器两部分非线性引起的误差。

- 精度：是指实际输出与理论输出的偏差，以静态转换误差的形式给出，受运放的增益误差、零点漂移、基准电源的偏差等因素影响。D/A 芯片的精度应小于 1/2 最低有效位的值。

- 建立时间：从输入数字量开始到输出电压（电流）到达稳定输出值所需要的时间，而且以给出满刻度（2^n-1）数字输入到建立满刻度模拟输出的时间来衡量。

（2）A/D 转换器

A/D 转换器的任务是将模拟量转换成数字量，是模拟信号到数字信号的一种接口。A/D 转换器有多种型号，ADC0809 是目前常用的一种，其内部结构框图如图 6.47 所示。

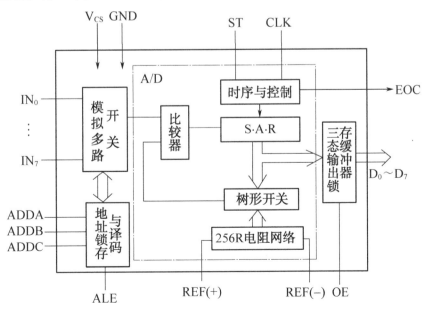

图 6.47　ADC0809 逻辑图

它是 CMOS 单片 28 条引脚双列直插式 A/D 转换器，采用逐次逼近式 A/D 转换原理，实现了 8 位 A/D 转换。其内部带有 8 路模拟转换开关，用以选通 8 路模拟输入的任何一路信号，输出采用三态输出缓冲寄存器，与 TTL 电平兼容。

① 引脚功能。ADC0809 的引脚排列如图 6.48 所示。各引脚功能说明如下。

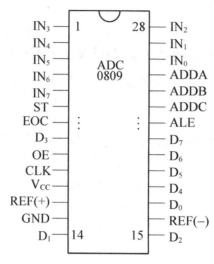

图 6.48　ADC0809 引脚图

- $IN_0 \sim IN_7$：8 路模拟信号输入通道。
- ADDA、ADDB、ADDC：8 路模拟信号输入通道的 3 位地址输入端，各通道的地址分配见表 6.35。

表 6.35　地址译码与选通关系表

被选模拟通路	地　　址		
	ADDC	ADDB	ADDA
IN_0	0	0	0
IN_1	0	0	1
IN_2	0	1	0
IN_3	0	1	1
IN_4	1	0	0
IN_5	1	0	1
IN_6	1	1	0
IN_7	1	1	1

- ALE：地址锁存允许输入端。该信号的上升沿使多路开关的地址码 ADDA、ADDB、ADDC 锁存到地址寄存器中。
- ST：启动信号输入端。此输入信号的上升沿使内部寄存器清零，下降沿使 A/D

转换器开始转换。

- EOC：A/D 转换结束信号。它在 A/D 转换开始，由高电平变为低电平；转换结束后，由低电平变为高电平。此信号的上升沿表示 A/D 转换完毕，常用做中断申请信号。

- OE：输出允许信号，高电平有效，用于打开三态输出锁存器，将数据送到数据总线。

- $D_7 \sim D_0$：8 位数据输出端，可直接接入数据总线。

- CLK（CLOCK）：时钟信号输入端。时钟的频率决定 A/D 转换的速度，转换时间 T_c 等于 64 个时钟周期。CLK 的频率范围是 10 ~ 1280kHz。当时钟脉冲频率为 640kHz 时，T_c 为 100μs。

- REF（+）和 REF（-）：分别是参考电位 V_{REF}（+）、V_{REF}（-）输入的正、负极。V_{REF}（+）不得高于 V_{CC}，V_{REF}（-）不得为负值，应满足电源 V_{CC}=+5V，其纹波电压应小于 5mV。

- GND：接地端。

② 模拟量输入。模拟量的输入方式有单极性和双极性两种。单极性模拟电压的输入范围是 0 ~ 5V，双极性模拟电压的输入范围为-5 ~ +5V。输入方法如图 6.49 所示。

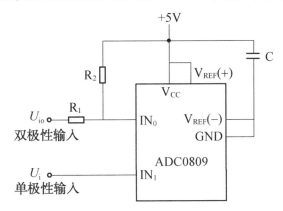

图 6.49　ADC0809 单/双极性输入

当 $V_{REF}=V_{REF}$（+）-V_{REF}（-）=V_{CC} 时，输入模拟电压 U_i 的变化范围为

$$0 \leqslant U_i \leqslant V_{REF} - 1LSB$$

$$D = \frac{2^8}{V_{REF}} U_i \quad（单极性）$$

式中，$1LSB = \dfrac{V_{REF}}{2^8}$。$1LSB$ 为最低有效位，也称为分辨率。若 $V_{REF}=V_{CC}$=+5V 时，则 $1LSB=20mV$。

③ 主要技术指标。

- 分辨率：通常用数字量输出的二进制代码的位数来表示分辨率，位数越多，量化误差越小，转换精度越高。

- 转换速度：是指完成一次 A/D 转换操作所需要的时间，即从接到转换命令开始，到输出端得到稳定的数字输出信号所经历的时间。
- 相对精度：是指转换值与理想特性之间的最大偏差。

4．实验设备

实验所需设备名称、型号或规格以及数量如表 6.36 所示。

表 6.36　实验设备

名　　称	型号或规格	数　　量
数字实验仪	DS8 704	1
数字万用表	DT890B	1
D/A 转换器	ADC0809	1
A/D 转换器	ADC0809	1
集成运算放大电路	μA741	1

5．实验内容与步骤

（1）D/A 转换器实验

① 按如图 6.50 所示电路接线，并做认真检查。

② 在数字量输入端置 00000000B，用数字万用表测量模拟电压 U_o。

③ 从输入数字量的最低位起，逐位置 1（接高电平），测量输出模拟电压 U_o 的值，记入表 6.36 中，并与理论值进行比较。

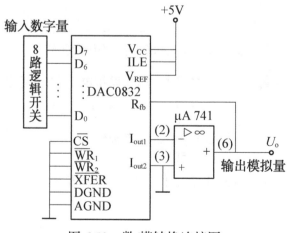

图 6.50　数/模转换连接图

（2）A/D 转换器实验

① 按如图 6.51 所示接线，并认真检查。

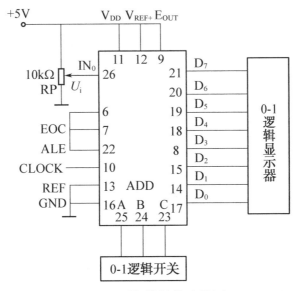

图 6.51 模/数转换连接图

② 调节电位器 RP，使 $D_0 \sim D_7$ 全为高电平（8 个发光二极管全亮），测量并将输入的模拟电压值记入表 6.37 中。

表 6.37 测量结果

输入数字量								输出模拟量 U_o（V）	
D_7	D_6	D_5	D_4	D_3	D_2	D_1	D_0	实测值	理论值

③ 调节电位器 RP，使 U_i 为表 6.38 所给数值，测量相应的数字输出量，记入表 6.37 中。

6．实验注意事项

（1）实验中，不允许带电改接线路，输入端也不应悬空。

（2）在电源未接通时，绝不允许施加输入信号。

表 6.38 测量结果

输入模拟电压 U_o（V）	实测输出二进制数							
	D_7	D_6	D_5	D_4	D_3	D_2	D_1	D_0
1								
2								
2.5								
3								
4								
5								

7．实验报告要求

（1）整理 D/A 转换实验数据，与理论值对照，分析实验结果。

（2）整理 A/D 转换实验数据，求出每组数据的相对精度。

（3）通过本次实验，说明 D/A、A/D 转换器有何用处？试举出实例。

实验 17　波形发生器

1．实验目的

（1）熟悉电压比较器、方波发生器、三角波发生器的主要特点和分析方法。

（2）掌握波形发生器电路的连接和调试方法。

2．实验原理

方波、三角波发生器电原理图如图 6.52 所示。

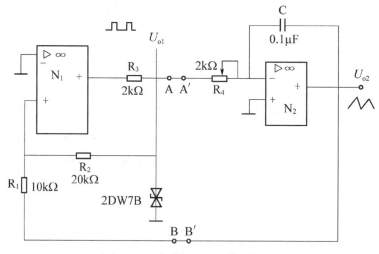

图 6.52　方波、三角波发生器

该电路在产生方波的同时还产生三角波。运算放大器 N_1 构成一个过零比较器，当同相输入端电压大于 0 时，U_{o1} 输出+6V；而当同相输入端电压小于 0 时，U_{o1} 输出-6V。N_2 构成反相积分器。N_1、N_2 又共同构成正反馈支路，形成自激振荡，所以 N_1 的输出为正负对称的方波，同时该电压又作为 N_2 的反相输入电压，经积分运算后，输出三角波。方波的输出幅度由双向稳压管的稳压幅值确定，而三角波的幅度由比值 R_1/R_2 确定。对于两个波形，其频率由下式给出：

$$f_0 = \frac{1}{4R_4C}\frac{R_2}{R_1}$$

U_{o1}、U_{o2} 的变化规律如图 6.53 所示。

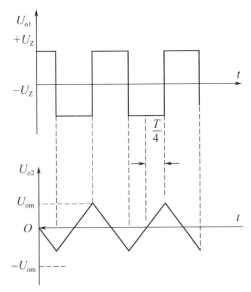

图 6.53　U_{o1}、U_{o2} 的波形图

从图 6.53 所示的 U_{o1}、U_{o2} 波形可以看出，当 U_{o1} 从+U_Z 跳变为-U_Z，或是从-U_Z 跳变到+U_Z 时，对应 U_{o2} 的值就是其幅值 U_{om}。而 U_{o1} 发生跳变又是对应 N_1 的 $U_B = 0$，此时流过电阻 R_1 的电流等于流过电阻 R_2 的电流，即

$$\frac{|U_Z|}{R_2} = \frac{U_{om}}{R_1}$$

故三角波的幅值 U_{om} 由上式可得

$$U_{om} = \pm\frac{R_1}{R_2}U_Z$$

由此可以看出，改变 R_2 值可以改变三角波的幅度大小。

接着进行三角波的频率的估算。由波形图不难看出，三角波从 0 上升到 U_{om} 所需的时间是振荡周期的 1/4。由积分器输出与输入的关系可得

$$U_{om} = -\frac{1}{C}\int_0^{\frac{T}{4}}\frac{U_{o1}}{R_4}\mathrm{d}t$$

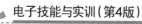

此时 $U_{o1}=-U_Z$。

故

$$T = 4R_4C\frac{U_{om}}{U_z}$$

把述公式整理后可得

$$f = \frac{1}{T} = \frac{R_2}{4R_1R_4C}$$

改变 R_4、C 或 R_2/R_1 的值都可以改变振荡周期。通常改变电容 C 进行频率粗调，改变电阻 R_4 进行频率细调。

3．实验仪器和器材

稳压电源	一台
双踪示波器	一台
万用表	一台
集成运算放大器μA741（或 LM324）	一片
LM318	一片
双向稳压管 2DW7B（或 2DW231）	一个
电阻、电容	若干个

4．实验内容和步骤

（1）按如图 6.52 所示接好电路，通电后观察并记录 $R_4=2k\Omega$、$10k\Omega$ 时的 U_o 波形，测量周期及幅值。

（2）观察并记录 $R_1=4.7k\Omega$ 及 $15k\Omega$ 时的波形变化情况。

5．实验报告要求

（1）自拟实验表格，并将整理好的实验数据和波形填入表中。

（2）总结运放非线性应用及波形发生电路的安装、调试方法。

（3）总结实验中出现的故障及分析排除方法。

6．思考题

（1）在图 6.52 所示电路中，双向稳压管起什么作用？如果将其去掉，输出电压将如何变化？

（2）若在实验中将运放的同相输入端和反相输入端接错，输出将如何变化？说明原因。

（3）说明集成运放输出端与双向稳压管之间所接电阻 R_3 的作用。

（4）在图 6.52 所示电路中，若要改变输出的三角波频率，可采取什么措施？

第7章

课程设计

7.1 综合性实验和课程设计总论

7.1.1 概述

综合性实验和课程设计的教学任务是使学生通过一两个实际问题,巩固和加深在"模拟电子技术基础"和"数字电子技术基础"课程中所学的理论知识和实验技能,基本掌握常用电子电路的一般分析和设计方法,提高对电子电路的分析、设计和实验能力,为以后从事生产和科研工作打下一定的基础。实践证明,此实践性环节训练对学生进行毕业设计和毕业后从事电子技术方面的工作有很大帮助。

通常所说的电子电路设计,一般包括拟定性能指标、电路的预设计、实验和修改设计四个环节。

衡量设计的标准是:工作稳定可靠,能达到所要求的性能指标,并留有适当的余量;电路简单、成本低、功耗低;采用的元器件的品种少、体积小且货源充足;便于生产、测试和维修等。

这里介绍常用电子电路的一般设计方法,列出课程设计的题目和要求。

7.1.2 常用电子电路的一般设计方法

常用电子电路的一般设计方法和步骤是:选择总体方案,设计单元电路,选择元器件,审图,实验(包括修改测试性能),画出总体电路图。

由于电子电路种类繁多,千差万别,设计方法和步骤也因情况不同而不同,因而上述设计步骤需要交叉进行,有时甚至会出现反复。因此在设计时,应根据实际情况灵活掌握。

1. 总体方案的选择

设计电路的第一步就是选择总体方案,所谓总体方案是根据所提出的任务、要求和性能指标，用具有一定功能的若干单元电路组成一个整体来实现各项功能，满足设计题目提出的要求和技术指标。

由于符合要求的总体方案往往不止一个，所以应当针对任务、要求和条件，查阅相关资料，以广开思路，提出若干不同的方案，然后仔细分析每个方案的可行性和优缺点，加以比较，从中取优。在选择过程中，常用框图来表示各种方案的基本原理。框图一般不必画得太详细，只要说明基本原理就可以了，但有些关键部分一定要画清楚，必要时还需要画出具体电路来加以分析。

选择方案应注意以下几个问题。

① 对于关系到电路全局的问题，应当积极开动脑筋，多提些不同的方案，深入分析比较。有些关键部分还要提出各种具体电路，根据设计要求进行分析比较，从而找出最优方案。

② 既要考虑方案的可行性，还要考虑性能、可靠性、成本、功耗和体积等实际问题。

③ 选定一个满意的方案并非易事，在分析论证和设计过程中需要不断改进和完善，出现一些反复是在所难免的，但应尽量避免方案上的大反复，以免浪费时间和精力。

2．单元电路的设计

在确定了总体方案、画出详细框图之后，便可进行单元电路设计。

设计单元电路的一般方法和步骤如下。

（1）根据设计要求和已选定的总体方案的原理框图，确定对各单元电路的设计要求，必要时应详细拟定主要单元电路的性能指标。注意各单元电路之间的相互配合，但要尽量少用或不用电平转换之类的接口电路，以简化电路结构、降低成本。

（2）拟定出各单元电路的要求后，应全面检查一遍，确实无误后方可按一定顺序分别设计各单元电路。

（3）选择单元电路的结构形式。一般情况下，应查阅相关资料，以丰富知识、开阔眼界，从而找到适用的电路。当确实找不到性能指标完全满足要求的电路时，也可选用与设计要求比较接近的电路，然后调整电路参数。

3．总电路图的画法

设计好各单元电路以后，应画出总电路图。总电路图是进行实验和设计制作印制电路板的主要依据，也是进行生产、调试、维修的依据，因此画好一张总电路图非常重要。

画总电路图的一般方法如下。

（1）画总电路图应注意信号的流向，通常从输入端或信号源画起，由左到右或由上到下按信号的流向依次画出各单元电路。但一般不要把电路画成很长的窄条，必要时可按信号流向的主通道依次把各单元电路排成类似字母"U"的形状，它的开口可以朝左，也可以朝向其他方向。

（2）尽量把总电路图画在同一张图样上。如果电路比较复杂，一张图样画不下，应把主电路画在同一张图样上，而把一些比较独立或次要的部分（如直流稳压电源）画在另一张或者几张图样上，并用适当的方式说明各图样之间的信号联系。

（3）电路图中所有的连线都要表示清楚，各元器件之间的绝大多数连线应在图样上直接画出。连线通常画成水平线或竖线，一般不画斜线。互相连通的交叉线应在交叉处用圆点标出。连线要尽量短。电源一般只标出电源电压的数值（如+5V、+15V、−15V）。电路图的安排要紧凑、协调、稀密恰当，避免出现有的地方画得很密，有的地方却空出一大块的情况。总之，要清晰明了、容易看懂、美观谐调。

（4）电路图中的中大规模集成电路，通常用框形表示。在框中标出它的型号，框的边线两侧标出每根连线的功能名称和引脚号。除中大规模器件外，其余元器件的符号应当标准化。

（5）集成电路器件的引脚较多，多余的引脚应适当处理。

（6）如果电路比较复杂，设计者经验不足，有些问题在画出总体电路之前难以解决，可以先画出总电路图的草图，调整好布局和连线之后，再画出正式的总电路图。

以上只是总电路的一般画法，实际情况千差万别，应根据具体情况灵活掌握。

4．元器件的选择

从某种意义上讲，电子电路的设计就是选择最合适的元器件，并把它们以最好的方式组合起来。因此在设计过程中，经常遇到选择元器件的问题。不仅在设计单元电路和总体电路及计算参数时要考虑选择哪些元器件合适，而且在提出方案、分析和比较方案的优缺点时，也需要考虑用哪些元器件以及它们的性能价格比如何等。怎样选择元器件呢？必须搞清两个问题：第一，根据具体问题和方案，需要哪些元器件，每个元器件应具有哪些功能和性能指标；第二，哪些元器件实验室已有，哪些在市场上能买到，性能如何，价格如何，体积多大？电子元器件种类繁多，新产品不断出现，这就需要经常关心元器件的信息和新动向，多查资料。一般优先选用集成电路，集成电路的应用越来越广泛，它不但减小了电子设备的体积、成本，提高了可靠性，安装、调试比较简单，而且大大简化了设计，使数字电路的设计更加方便。

5．审图

因为在设计过程中有些问题难免考虑不周，所以在画出总电路图后，还要进行全面审查。审图时应注意以下几点。

（1）先从全局出发，检查总体方案是否合适、有无问题，再检查各单元电路的原理是否正确、电路形式是否合适。

（2）检查各单元电路之间的电平、时序等配合有无问题。

（3）检查电路图中有无烦琐之处，是否可以化简。

（4）要特别注意电路图中各元器件是否工作在额定值范围内，以免实验时损坏。

（5）解决所发现的全部问题后，若改动较多，应当复查一遍。

6. 实验

（1）实验的必要性

设计一个能实际应用的电子电路，既要考虑方案以及用哪些单元电路、各单元电路之间怎样连接、如何配合，还要考虑用哪些元器件，包括它们的性能、价格、体积、功耗、货源等因素。所以，设计时要考虑的因素和问题相当多，加上电子元器件品种繁多、性能各异，初学者经验不足，一些新的集成电路功能又较多，内部电路复杂，如果没有实际使用过，单凭看资料很难掌握它们的用法和具体细节。因此，设计时难免会考虑不周，出现差错。实践证明，对于比较复杂的电子电路，单是纸上谈兵，要想使自己设计的电路无误和完善，往往是不可能的，所以必须不断进行实验检则，不断改进。

（2）实验内容

① 检验各元器件的性能和质量能否满足设计要求。

② 检验各单元电路的功能和主要指标是否达到设计要求。

③ 检验各个接口电路是否起到应有的作用。

④ 把各单元电路组合起来，检验总体电路的功能，从中发现设计中的问题。

在实验过程中遇到问题时应善于理论联系实际，深入思考，分析原因，找出解决问题的办法。经过测试，性能达到全部要求后，再画出正式的电路图。

下面就介绍几个比较复杂的电子电路作为综合性实验和设计的参考。

7.2 线性集成稳压电源

7.2.1 工作原理

由线性集成稳压电路组成的稳压电源如图 7.1 所示。其工作原理与由分立元件组成的串联型稳压电源基本相似，只是稳压电路部分由三端稳压块代替，整流部分由硅桥式整流器代替，使电路的组装与调试工作大为简化。

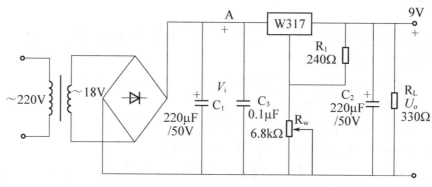

图 7.1　三端集成稳压电路图

于三端集成稳压电路的工作原理、硅桥式整流器和三端稳压块的外形、型号和电参数等,实验者可参阅相关书籍。

7.2.2 预习要求

(1)复习集成稳压电路的有关内容。

(2)测量稳压电源的输出电阻和电压调整率时,对测量仪器有哪些要求?为什么?通常用哪些仪器来测量?

(3)如果稳压块输出有振荡,应如何消除?

(4)如何判断硅桥式整流器的引出脚?

(5)应如何使用示波器来观察及测量稳压电源的输出纹波?

7.2.3 实验步骤

(1)接线。按如图 7.1 所示连接电路,电路接好后在 A 点处断开,测量并记录 U_i 的波形(A 点的波形)。然后接通 A 点后面的电路,观察 U_o 的波形,如有振荡应消除。调节 R_w,输出电压若有变化,则电路的工作基本正常。

(2)测量稳压电源输出范围。调节 R_w,用示波器监视输出电压 U_o 的波形,分别测出稳压电路的最大和最小输出电压,以及相应的 U_i 值。

(3)测量稳压块的基准电压(电阻 240Ω 两端的电压)。

(4)观察纹波电压。调节 R_w 使 U_o=9V,用示波器观察稳压电路输入电压 U_i 的波形,并记录纹波电压的大小。再观察输出电压 U_o 的纹波,将两者进行比较。

(5)测量稳压电源的输出电阻 r_o。断开 R_L(R_L=开路),用数字电压表测量 R_L 两端的电压,记为 U_{o1};然后接入 R_L,测出相应的输出电压,记为 U_{o2},用下式计算 r_o:

$$r_o = R_L \left(\frac{U_{o1}}{U_{o2}} - 1 \right)$$

(6)测量稳压电源的电压调整率 S_u。在交流电网与电源变压器之间接入自耦变压器,调节自耦变压器,使交流输入电压变化 ±10%,用数字电压表分别测出 U_i 和 U_o 的相应变化值,使用下式计算 S_u:

$$S_u = \frac{\Delta U_o / U_o}{\Delta U_i / U_i}$$

7.2.4 实验报告

(1)回答预习要求中所提出的问题。

(2)报告测量结果。

（3）简述实验中发生的故障及排除方法。

7.2.5 实验仪器和器材

MF-30 型万用表一只，数字电压表一台，示波器或 DA-16 型晶体管毫伏表一台，调压器一台。

7.3 铂热电阻测温电路

7.3.1 工作原理

热电阻测温电路如图 7.2 所示。该电路是利用铂热电阻 R_T 的电阻值随温度的增加而近似线性增加的原理来进行温度测量的。整个电路由测量电桥和仪用放大器两部分组成。其工作原理分别如下所述。

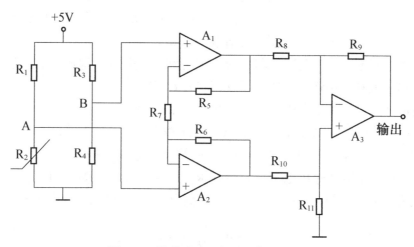

图 7.2　铂热电阻测温电路原理图

1. 测量电桥

测量电桥由电阻 R_1、R_2、R_3、R_4 组成，其中 $R_1=R_3=10\text{k}\Omega$，R_2 即为铂热电阻 R_T。铂热电阻 R_Z 在 0℃时的电阻值为 100Ω，为此选择 $R_4=100\Omega$。由于 $R_1 \gg R_2$，$R_3 \gg R_4$，所以流过铂热电阻 R_2 的电流等于流过 R_4 的电流，为 $500\mu A$。在 0℃时，由于 $R_2=R_4$，A、B 两端的电位相等，电桥输出电压为零。而当温度为 100℃时，铂热电阻 R_2 的电阻值变为 138.5Ω，由此可知在 100℃时，铂热电阻 R_2 的变化量 $\Delta R=38.5\Omega$，A、B 两端的电位差为 19.25mV。

2．仪用放大器

仪用放大器由三个运算放大器 A_1、A_2、A_3 和若干个电阻组成。运算放大器 A_1、A_2 和电阻 R_5、R_6、R_7 的作用是提高仪用放大器的输入阻抗，对输入信号进行放大。电路的电压放大倍数为

$$A_u = \frac{R_5 + R_6 + R_7}{R_7}$$

放大器 A_3 和电阻 R_8、R_9、R10、R_{11} 构成差动放大电路，其作用是进行电平平移并把差动输入变为单端输出。

电路中，取 $R_5 = R_6 = 16k\Omega$，$R_7 = 630\Omega$，$R_8 = R_9 = R_{10} = R_{11} = 1k\Omega$，则整个仪用放大器的电压放大倍数约为 52 倍。在此情况下，当铂热电阻 R_2 的温度由 0℃ 变为 100℃ 时，仪用放大器的输出将由 0V 变为 1V。

7.3.2 实验仪器和器材

直流稳压电源（+12V，–12V，+5V）	一台
数字万用表	一台
电阻	按电路图要求配置
铂热电阻（100Ω）	一个
运算放大器	三个

7.3.3 实验步骤

（1）按电路图所示，在实验箱上构建电桥电路。
（2）改变铂热电阻 R_T 的温度以改变其电阻值，观察电桥输出电压的变化。
（3）按电路图所示，在实验箱上构建仪用放大器电路。
（4）按电路图所示，在实验箱上把仪用放大器与测量电桥相连接。
（5）改变铂热电阻 R_T 的温度以改变其电阻值，观察放大器输出电压的变化。

注：在本实验中，如果没有铂热电阻 R_T，可用一个 100Ω 电阻和一个 50Ω 的电位器串联代替铂热电阻 R_T。

7.3.4 实验报告要求

（1）画出铂热电阻测温电路的全部电路图，简述各部分的工作原理。
（2）总结调试中遇到的问题及解决的方法。
（3）谈谈你的收获、体会和改进意见。

7.4 由单电源供电的低频正弦信号发生器

7.4.1 预习要求

（1）复习运算放大器的有关内容。

（2）复习 RC 串并联网络正弦信号发生器的工作原理。

（3）复习示波器的使用方法。

7.4.2 工作原理

在某些情况下，电子电路要求采用单极性电源供电。如图 7.3 所示就是一个采用单电源供电的低频正弦信号发生器的电路。该电路可输出 1.5 ~ 16kHz 的正弦信号，其工作原理如下所述。

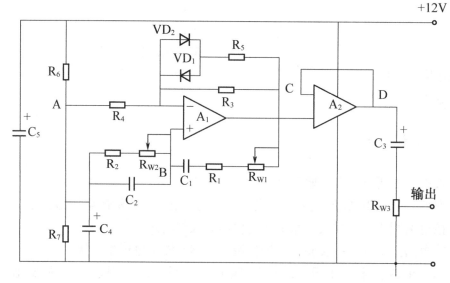

图 7.3 单电源供电的低频正弦信号发生器

该电路由 RC 串、并联网络，以及增益放大器和缓冲输出器组成。R_1、R_{W_2}、C_1、R_2、R_{W_2}、C_2 构成 RC 串、并联选频电路。电路中，各元件的参数决定了电路的振荡频率。选取 $R_1 = R_2 = 10\text{k}\Omega$，$C_1 = C_2 = 1\text{nF}$，$R_{W_1}$、$R_{W_2}$ 为 $100\text{k}\Omega$ 的联动电位器。当 $R_{W_1} = R_{W_2} = 100\text{k}\Omega$ 时，信号发生器的输出频率约为 1.5kHz；减小电位器的阻值，则其输出频率升高，当 $R_{W_1} = R_{W_2} = 0$ 时，信号发生器的输出频率约为 16kHz。运算放大器 A_1、电阻 R_3、R_4、R_5 和二极管 VD_1、VD_2 构成了增益放大器。为了确保电路可靠工作，要求 $R_3 > 2R_4$，即要求电路增益应大于 3。电阻 R_5 及二极管 VD_1、VD_2 的作用是控制放大电

路的增益，以减小振荡器的失真。选取 $R_3 = 27\text{k}\Omega$，$R_4 = 10\text{k}\Omega$，$R_5 = 27\text{k}\Omega$。运算放大器 A_2 为缓冲输出器，电容 C_3 为耦合电容，选取 $C_3 = 47\mu\text{F}$。电位器 R_{W_3} 为输出幅值调节电位器，选取 $R_{W_3} = 10\text{k}\Omega$。

电阻 R_6、R_7 和电容 C_4 构成分压电路，其作用是使由单电源供电的运算放大器工作在线性放大状态。而 C_5 则为滤波电容。选取 $R_6 = R_7 = 10\text{k}\Omega$，$C_4 = C_5 = 47\mu\text{F}$。

7.4.3 实验仪器和器材

面包板	2 块
运算放大器	2 个
二极管	2 个
电位器（联动）（100kΩ）	2 个
电位器（10kΩ）	1 个
电阻，电容	按电路要求配置

7.4.4 实验步骤

（1）按如图 7.3 所示电路原理图连接电路。

（2）电路连接好后，在 B 点处断开电路。

（3）用万用表测量 A 点、C 点和 D 点的电位，这三点的静态电位应为 6V。

（4）在电路静态电位正确的情况下，使电路连接恢复正常。

（5）用示波器观察运算放大器的输出及电路的输出波形。

7.4.5 实验报告要求

（1）画出电路图，简述电路各部分的工作原理。

（2）总结实验中遇到的问题及解决的方法。

（3）谈谈你的收获、体会及改进意见。

7.5 智力竞赛抢答器

7.5.1 工作原理

1．电路功能及组成

（1）要求电路能准确判别最先按下抢答开关的竞赛组，并立即有声响及光电指示。

（2）当任何一个组抢先按了开关发出声光指示后，其余组再按开关均不起作用。

2. 工作原理

根据设计要求，电路应由三部分组成：第一部分为时间判别电路，第二部分为光电指示电路（可选用发光二极管指示或数码管显示），第三部分为讯响器。

（1）如图 7.4 所示是利用 5 个 TTL 与非门组成的抢答器，它可供 4 个（或 4 个以下）竞赛组使用。平时门 1～门 4 的输入端 1 分别通过 4 只单刀双掷开关 S_1～S_4 接地，所以每个门的 4 个输入端都有一个是低电平。这样，4 个门的输出端 A、B、C、D 都是高电平，约为 3.6V。因为电源电压是 5V，所以接在每个门输出端的发光二极管 LED 两端的电压约为 5-3.6=1.4（V），而所用发光二极管的工作电压为 3V，所以它们不亮。

门 5 的 4 个输入端 1～4 是和门 1～门 4 的输出端相连的，因为门 1～门 4 的输出端都是高电平，所以门 5 的输出端为低电平。VT_1 和 VT_2 组成一个电子讯响器，因为 VT_2 的基极电阻 R_b 是接在门 5 输出端 E 上的，所以 VT_2 的基极没有电流流入，讯响器不工作。这时的状态就相当于 4 个竞赛组都没有按动开关的等待状态。

从图 7.4 中可以看出门 1～门 4 中任何一个门的另外 3 个输入端 2～4 都和其他 3 个门的输出端相连。这就是说，4 个门中只要有一个门输出低电平，其余 3 个门的输出就不可能再是低电平。因此，当有一个竞赛组先按了开关，如 S_1 接到+5V 端上，这时门 1 的输出将变为低电平，使门 2～门 4 的输出保持在高电平，不再受开关 S_1～S_4 的控制。与此同时，LED_1 两端电压因超过 3V 而发光，另外因为门 5 的输出端变为高电平，使讯响器发声。这样主考人在听到响声之后，只要看哪个组的发光二极管亮了，就知道是哪个竞赛组先按的开关。

（2）如图 7.5 所示是用 D 触发器及相应的门电路构成的四人抢答器。SB_1～SB_2 为抢答者按键，当无人抢答时，SB_1、SB_2 均未被按下，D_1、D_2 均为低电平（约为 0V），这时触发器的 CP 端虽有连续脉冲（可用实验箱的脉冲源）输入，但 Q_1、Q_2 均为低电平，LED 发光二极管不亮。同时，由于 74LS20 各输入端都是高电平（约为 3V），其输出为低电平，讯响器不发声。

当有人抢答时，如 SB_1 被按下，则 D_1 变为高电平，在 CP 连续脉冲作用下，使 Q_1 立即变为高电平，LED_1 点亮，指示出第一路优先抢答；同时 $\overline{Q_1}$ 变为低电平，使 74LS20 输出高电平，这个电平使讯响器发声，经 74LS00 门反相后，封住连续脉冲，使下一个抢答者的按钮失去作用。主考官可通过按 SB_5 按键，使电路恢复正常，为下一次抢答做好准备。

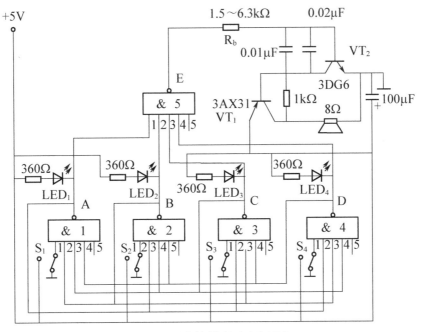

图 7.4 抢答器的电原理图

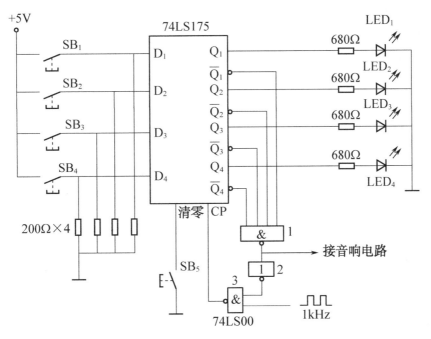

图 7.5 四人抢答器

7.5.2 实验仪器和器材

电子技术实验箱（EB-M）		一台
二、四输入与非门	74LS20	一片
四、二输入与非门	74LS00	一片
四 D 触发器	LS175	一片
3DG6（β>50）		一只
3AX31（β>30）		一只
电阻、电容		若干

7.5.3 实验步骤

（1）任选图 7.4 或图 7.5 所示电路，按图在实验箱上连接线路。

（2）调试电路的各部分，使其得到满意的效果。

（3）调试方法以调试如图 7.4 所示电路为例。

① 先调与非门部分。当开关 $S_1 \sim S_4$ 处在接地位置时，4 只发光二极管都不应点亮；否则，相应的与非门有问题。只要门 1～门 4 都没有问题，用万用表测一下门 5，输出端应为低电平；否则门 5 有问题，应调试。

② 接通任何一个开关到+5V，相应的 LED 应亮，E 点应为高电平。此时用一只 100kΩ 电位器调节，使讯响器声音最大又好听，然后换上同阻值的固定电阻即可。

③ 在 S_1 接通+5V 后，LED_1 点亮，讯响器响，然后分别接通 S_2、S_3、S_4，LED_2、LED_3、LED_4 都不应再亮，否则门 2～门 4 中有问题。依次再检查门 1～门 4 的工作情况，并注意门 5 的工作情况。如果先按某开关时，讯响器不响，除了相应的门可能有问题外，门 5 相应的输出端也可能有问题。

发光二极管的电路一般无须调整，测量一下二极管点亮时的电流约为 10mA 即可。

如果本电路所用元件经过事先检查保证是完好的，组装完成后几乎无须调试就能正常工作。

7.5.4 思考题

（1）发光二极管若利用电子技术实验箱上的发光二极管显示，电路应如何改接？还需要增加什么元件？试画出改接电路图。电子技术实验箱上的发光二极管显示电路如图 7.6 所示。

（2）试设计一个用数码管显示的抢答器电路，即任何一组抢先按下开关，就显示该组的组别，如第三组先按开关，就显示出 3，主考人以此可以判断出是哪一组先按下开关。数码管显示部分可利用电子技术实验箱上的显示电路。

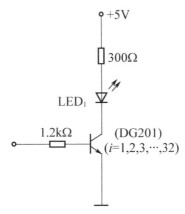

图 7.6　发光二极管显示电路

7.5.5　实验报告要求

（1）整理实验过程，总结调试中遇到的问题及解决方法。

（2）通过本次实验，你有何收获和体会，以及改进意见。

（3）试将如图 7.5 所示电路中 LED 显示部分改为数码管显示，画出电路图。

7.6　数字电子钟的组装与调试

7.6.1　预习要求

（1）复习中规模计数器、译码器的逻辑功能。

（2）试用本实验提供的集成芯片画出二十四进制和六十进制计数器的接线图。

（3）画出数字电子钟的全部逻辑电路图。要求：

① 具有"时"、"分"、"秒"的十进制数字显示。

② 具有整点报时功能，在离整数点 10s 时，便自动发出鸣叫声，声长 1s，每隔 1s 鸣叫 1 次，前 4 响是低音，后 1 响为高音，共鸣叫 5 次，最后 1 响结束时为整点（低音频为 500Hz，高音频为 1 000Hz）。

③ 具有稳定可靠的校时功能（时、分）。

7.6.2　工作原理

数字钟一般由振荡器、分频器、计数器、译码器、显示器等几部分组成。这些都是数字电路中应用最广的基本电路，原理框图如图 7.7 所示。石英晶体振荡器产生的时标信号送到分频器，分频电路将时标信号分成每秒一次的方波秒信号。秒信号送入计数器进行计数，并将累计的结果以"时"、"分"、"秒"的数字显示出来。"秒"的显示由两级计数器和译码器组成的六十进制计数电路实现；"分"的显示电路与"秒"相同，"时"的显示由两级计数器和译码器组成的二十四进制计数电路来实现。所有计时结果由六位数码管显示。现分别介绍如下。

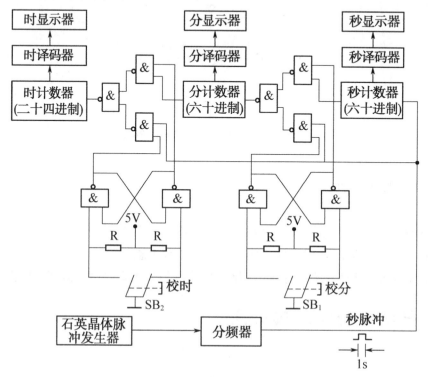

图 7.7　数字钟的原理框图

1. 石英晶体振荡器

振荡器是电子钟的核心，用于产生标准频率信号，再由分频器分成秒时间脉冲。振荡器振荡频率的精度与稳定度基本上决定了钟的准确度。

振荡电路是由石英晶体、微调电容与集成反相器等元件构成，原理图如图 7.8 所示。图中1门、2门是反相器，1门用于振荡，2门用于缓冲整形；R_f 为反馈电阻，其作用是为反相器提供偏置，使其工作在放大状态。反馈电阻 R_f 的值选取太大，会使放大器偏置不稳甚至不能正常工作；R_f 值太小又会使反馈网络负担加重。图中 C_1 是频率微调电容，一般取 $5 \sim 35\text{pF}$；C_2 是温度特性校正电容，一般取 $20 \sim 40\text{pF}$。电容 C_1、C_2 与晶体共同构成π型网络，以控制振荡频率，并使输入、输出相移180°。

石英晶体振荡器的振荡频率稳定，输出波形近似于正弦波，可用反相器整形后得到矩形脉冲输出。

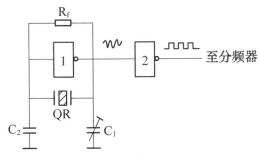

图 7.8　晶体振荡器

2. 分频器

时间标准信号的频率很高，要得到秒脉冲，需要分频电路。目前多数石英电子表的振荡频率为 $2^{15}=32\ 768Hz$，用 15 位二进制计数器进行分频后可得到 1Hz 的秒脉冲信号，也可采用单片 CMOS 集成电路实现。

3. 计数器

（1）六十进制计数。"秒"计数器的电路形式很多，但都是由一级十进制计数器和一级六进制计数器组成。如图 7.9 所示是用两块中规模集成电路 74LS160 按反馈置零法串接而成的。"秒"计数器的十位和个位输出脉冲除用做自身清零外，同时还作为"分"计数器的输入信号。

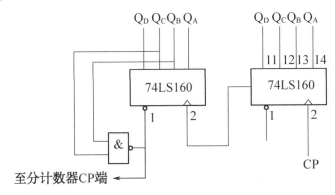

图 7.9　六十进位计数器

"分"计数器电路与"秒"计数器相同。

（2）二十四进制计数。如图 7.10 所示为二十四进制小时计数器，是用两片 74LS160 组成的。也可用两块中规模集成电路 74LS160 和与非门构成。

上述计数器原理请读者自行分析。

4. 译码和显示电路

译码就是把给定的代码进行翻译，变成相应的状态，用于驱动 LED 七段数码管，只要在它的输入端输入8421码，七段数码管就能显示十进制数字。

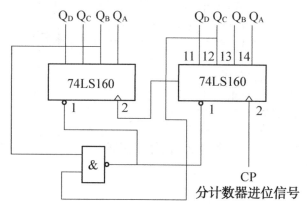

图7.10　二十四进位计数器

5．校准电路

校准电路实质上是一个由基本RS触发器组成的单脉冲发生器，如图7.11所示。从图中可知，未按按钮SB时，与非门G_2的一个输入端接地，基本RS触发器处于"1"状态，即Q=1，$\overline{Q}$=0。由图7.7所示框图可知，这时数字钟正常工作，分脉冲能进入分计数器，时脉冲也能进入时计数器。按下按钮SB时，与非门G_1的一个输入端接地，于是基本RS触发器翻转为"0"状态，Q=0，$\overline{Q}$=1。若所按的是校分的按钮SB_1，则秒脉冲可以直接进入分计数器而分脉冲被阻止进入，因而能较快地校准分计数器的计数值。若所按的是校时的按钮SB_2，则秒脉冲可以直接进入时计数器而时脉冲被封锁，于是就能较快地对时计数值进行校准。校准后，将校正按钮释放，使其恢复原位，数字钟继续进行正常的计时工作。本实验电路图如图7.12所示，未加校准电路，读者可自行加入。

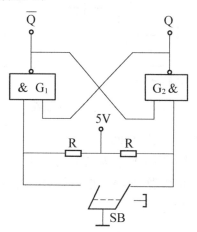

图7.11　单脉冲发生器

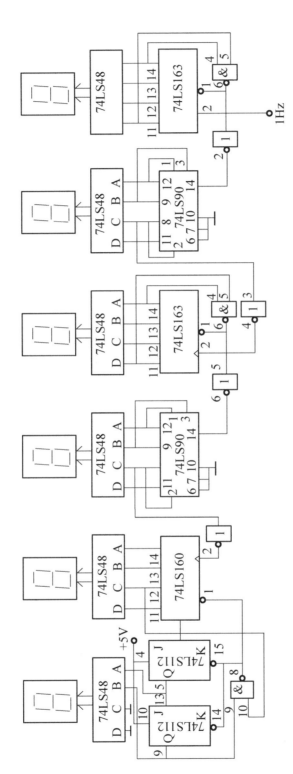

图7.12 数字钟逻辑电路

7.6.3 实验仪器和器材

面包板		四~六块
二进制计数器	（74LS163）	两片
十进制计数器	（74LS160）	一片
BCD、二-五进制计数器	（74LS90）	两片
四、二输入与非门	（74LS 00）	一片
六反相器	（74LS04）	一片
双 J-K 触发器	（74LS112）	一片
BCD 七段译码驱动器	（74LS48）	六片
七段共阴极数码管		六片

7.6.4 实验步骤

根据所给元件，按如图 7.12 所示电路在实验箱上组装调试。依次观察各数码管显示的数据是否正确。

7.6.5 实验报告要求

（1）画出数字钟的全部逻辑图，简述各部分工作原理。
（2）总结调试中遇到的问题及解决方法。
（3）谈谈你的收获、体会及改进意见。

7.6.6 补充资料

数字电子钟的实现方案有多种，如图 7.13 所示是另外一种实现方案。该电路也含有振荡器、分频器、计数器、译码器、显示器等几部分电路，但是该电路所使用的集成组件与如图 7.12 所示电路的组件不同。此外该电路还具有校正功能和整点报时功能。读者可自己分析如图 7.13 所示中各部分电路的原理，现仅把图 7.13 的整点报时电路的原理分析如下。

在图 7.13 中，当分计到 59min 时，将分触发器 Q_H 置 1，而等到秒计数到 54s 时，将秒触发器 Q_L 置 1，然后通过 Q_L 与 Q_H 相"与"后，再和 1s 标准秒信号相"与"，输出控制低音喇叭鸣叫，直到 59s 时，产生一个复位信号，使 Q_L 清零，低音鸣叫停止；同时 59s 信号的反相又和 Q_H 相"与"，输出控制高音喇叭鸣叫。当分、秒计数从 59:59 变为 00:00 时，鸣叫结束，完成整点报时。电路中的高、低音信号分别由 CD4060 分频器的输出端 Q_5 和 Q_6 产生。Q_5 输出频率为 1024Hz，Q_6 为 512Hz。高、低两种频率通过或门输出驱动三极管 VT，带动喇叭鸣叫。

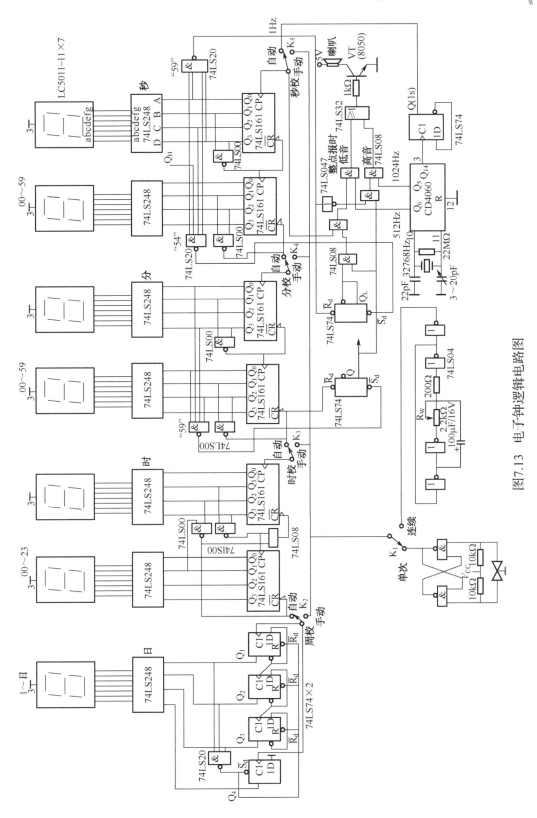

图7.13 电子钟逻辑电路图

7.7　数据采集系统

7.7.1　工作原理

数据采集系统框图如图 7.14 所示。该系统由 A/D 转换、三态缓冲器、存储器、地址码发生器、控制逻辑、电子开关、D/A 转换共七部分组成。其中 A/D 转换由 ADC0809 完成，三态缓冲器由两块 74LS126 构成，存储器由两片 1k×4 RAM 构成，地址码发生器由 3 片 74LS193（T215）构成，控制逻辑由 4 个与非门构成，电子开关由一片 T072 构成。电路原理图如图 7.15 所示。G_1 和 G_2 构成一个基本 RS 触发器，加电源后，系统处于采集存储状态。G_1 输出高电平，使 DAC 等待工作，且使地址码发生器的输入与 ADC 的 EOC 接通，同时使缓冲器开始工作；G_2 输出低电平，使存储器允许写入数据，且关断了读出时钟脉冲；G_3 的输出瞬时出现高电平后，变为低电平，使地址码发生器指向 000H 存储单元，并等待工作；G_4 输出高电平。由于 ADC0809 接成自动转换型（参考相关资料），因此，每当转换结束后，EOC 输出一个正向脉冲，使 ADC 开始下次转换。转换开始后，EOC 输出一个反向脉冲，使地址发生器产生一个新的地址码，等待数据写入。当该工作过程重复进行到 400H 时，G_4 输出变为低电平，一方面使地址码发生器指向 000H 地址单元，另一方面使基本 RS 触发器翻转一次，其作用是使三态缓冲器停止工作，DAC 开始工作、存储器允许读操作；并且使地址码发生器与读出时钟连通，系统处于读出状态。在此种状态下，系统重复输出原采样所得的结果。

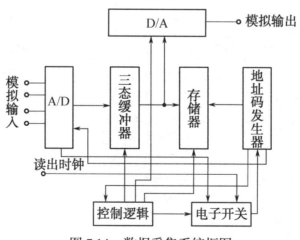

图 7.14　数据采集系统框图

7.7.2　实验步骤

弄懂电路工作原理，实验步骤自拟。

7.7.3 实验仪器和器材

DAC0832 D/A 转换器一片，ADC0809 A/D 转换器一片，74LS126 三态缓冲器两片，2114 1k×4 RAM 两片，T072 与或非门一片，T215 十六进制计数器三片，T065 二输入四与非门一片，运算放大器一只，470Ω电阻一个，0.15μF 电容一个。

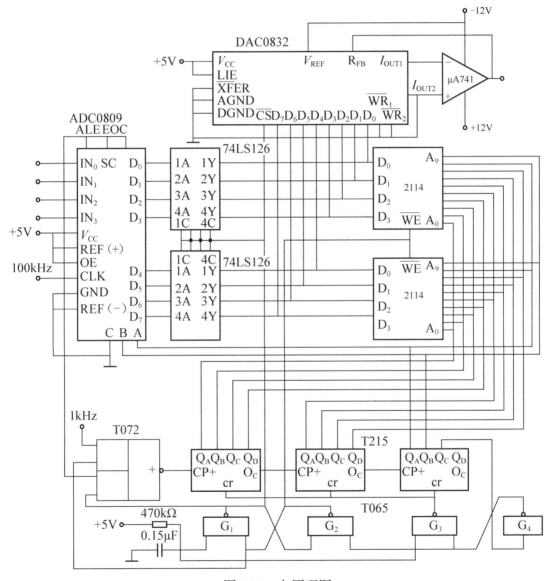

图 7.15　电原理图

7.8 交通灯控制电路设计

7.8.1 工作原理

为确保十字路口的交通安全，往往都采用交通灯自动控制系统来控制交通信号。其中红灯（R）亮，表示禁止通行；黄灯（Y）亮表示暂停；绿灯（G）亮表示允许通行。

交通灯控制器的系统框图如图 7.16 所示。

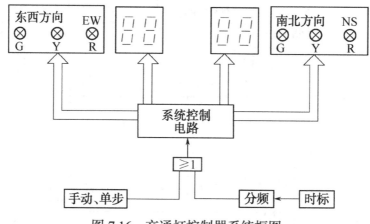

图 7.16　交通灯控制器系统框图

7.8.2 设计任务和要求

设计一个十字路口交通信号灯控制器，其要求如下。

（1）满足如图 7.17 所示顺序工作流程。图中设南北方向的红、黄、绿灯分别为 NSR、NSY、NSG；东西方向的红、黄、绿灯分别为 EWR、EWY、EWG。

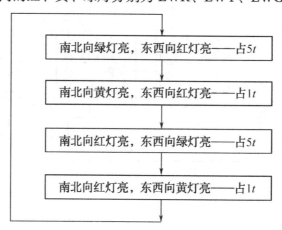

图 7.17　时序工作流程图

它们的工作方式，有些必须是并行进行的，即南北方向绿灯亮，东西方向红灯亮；南北方向黄灯亮，东西方向红灯亮；南北方向红灯亮，东西方向绿灯亮；南北方向红灯亮，东西方向黄灯亮。

（2）应满足两个方向的工作时序，即东西方向亮红灯的时间应等于南北方向亮黄、绿灯的时间之和，南北方向亮红灯的时间应等于东西方向亮黄、绿灯的时间之和。

（3）十字路口要有数字显示时间提示，以便人们更直观地把握时间，具体为：某方向绿灯亮时，置显示器为某值；然后以每秒减 1 计数方式工作，直至减到"0"，十字路口红、绿灯交换，一次工作循环结束，进入下一步某方向的工作循环。

（4）可以手动调整和自动控制。

（5）在完成上述任务后，可以对电路进行以下几方面的电路改进或扩展。

① 设某一方向（如南北）为十字路口主干道，另一方向（如东西）为次干道；主干道由于车辆、行人多，而次干道的车辆、行人少，所以主干道绿灯亮的时间，可选定为次干道绿灯亮的时间 2 倍或 3 倍。

② 用 LED 发光二极管模拟汽车行驶电路。当某一方向绿灯亮时，这一方向的发光二极管接通，并一个一个向前移动，表示汽车在行驶；当遇到黄灯亮时，移位发光二极管就停止，而过了十字路口的移位发光二极管继续向前移动；红灯亮时，则另一方向转为绿灯亮，那么，这一方向的 LED 发光二极管就开始移位（表示这一方向的车辆行驶）。

7.8.3　实验仪器和器材

直流稳压电源，交通信号灯，74LS74、74LS164、74LS168、74LS248 及门电路，数码管、发光二极管，电阻，开关。

7.8.4　设计方案提示

根据设计任务和要求，参考交通灯控制器的逻辑电路主要框图（如图 7.16 所示），设计方案可以从以下几部分进行考虑。

1．秒脉冲和分频器

设计十字路口每个方向绿、黄、红灯所亮时间比例分别为 5∶1∶6。若选 4s 为一个时间单位，则计数器每 4s 输出一个脉冲。

2．交通灯控制器

由上述可知，计数器每次工作循环周期为 12，所以可以选用十二进制计数器。计数器可以用单触发器组成，也可以用中规模集成计数器。这里选用中规模 74LS164 八位移位寄存器组成扭环形十二进制计数器。由此可列出东西方向和南北方向绿、黄、红灯的逻辑表达式如下。

（1）东西方向　绿：$EWG=\overline{Q_4}\cdot\overline{Q_5}$

黄：$EWY=\overline{Q_4}\cdot Q_5$（$EWY=EWY\cdot CP_1$）

红：$EWR=\overline{Q_5}$

（2）南北方向　绿：$NSG=\overline{Q_4}\cdot\overline{Q_5}$

黄：$NSY=\overline{Q_4}\cdot\overline{Q_5}$（$NSY=NSY\cdot CP_1$）

红：$NSR=Q_5$

由于黄灯要求闪耀几次，所以用时标 1s 和 EWY 或 NSY 黄灯信号相"与"即可。

3. 显示控制部分

显示控制部分，实际是一个定时控制电路。当绿灯亮时，使减法计数器开始工作，每来一个秒脉冲，使计数器减 1，直到计数器为 0。译码显示可用 74LS248 BCD 码七段译码器，显示器用 LC5011-11 共阴极 LED 显示器，计数器采用可预置加、减法计数器，如 74LS168、74LS193 等。

4. 手动/自动控制

这种控制可用一个选择开关进行。置开关在手动位置，输入单次脉冲，可使交通灯处在某一位置上；开关在自动位置时，则交通信号灯按自动循环工作方式运行。

7.8.5　参考电路

根据设计任务和要求，设计交通信号灯控制器参考电路如图 7.18 所示。

7.8.6　参考电路简要说明

1. 单次手动及脉冲电路

单次脉冲是由两个与非门组成的 RS 触发器产生的，当按下 S 时，有一个脉冲输出使 74LS164 移位计数，实现手动控制。S_2 在自动位置时，由秒脉冲电路经分频器（4 分频）输入给 74LS164，这样，74LS164 每 4s 向前移一位（计数 1 次）。秒脉冲电路可用晶振或 RC 振荡电路构成。

2. 控制器部分

控制器部分由 74LS164 组成扭环形计数器，经译码后，输出十字路口南北、东西两个方向的控制信号。

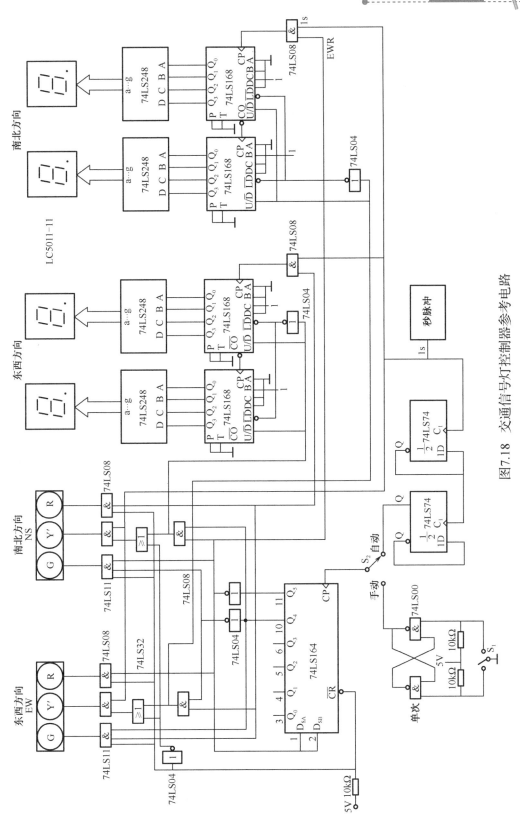

图7.18　交通信号灯控制器参考电路

3．数字显示部分

当南北方向绿灯亮，而东西方向红灯亮时，使南北方向的 74LS168 以减法计数器方式工作，从数字 24 开始往下减，当减到 0 时，南北方向绿灯灭、红灯亮，而东西方向红灯灭、绿灯亮。东西方向红灯灭信号使与门关断，减法计数器工作结束；而南北方向红灯亮则使另一方向减法计数器开始工作。

在减法计数开始之前，由黄灯亮信号使减法计数器先置入数据，图中接入 $\overline{U/D}$ 和 $\overline{LD}$ 信号就是在黄灯亮（为高电平）时，置入数据。黄灯灭，而红灯亮则开始减计数。

交通灯控制器的实现方法很多，这里就不一一举例了。

7.9 单片机与 D/A 转换器接口设计（波形发生器）

前面已经介绍了 8 位 D/A 转换器 DAC0832 的工作原理。DAC0832 是 8 位的 D/A 集成转换芯片，它可以与 8 位的单片机 8051 完全兼容。

7.9.1 工作原理

DAC0832 与 8051 单片机有两种基本的接口方式：单缓冲器和双缓冲器同步方式。

1．单缓冲器方式接口

若应用系统中只有一路 D/A 转换，则采用单缓冲器方式接口，如图 7.19 所示。将 I_{LE} 接+5V 电压，寄存器选择信号 $\overline{CS}$ 及数据传送信号 $\overline{XFER}$ 都与地址选择线相连（图中为 P2.7），两级寄存器的写信号都由 8031 的 $\overline{WR}$ 端控制。当地址线选通 DAC8032 后，只要输出 $\overline{WR}$ 控制信号，DAC0832 就能一步完成数字量的输入锁存和 D/A 转换输出。

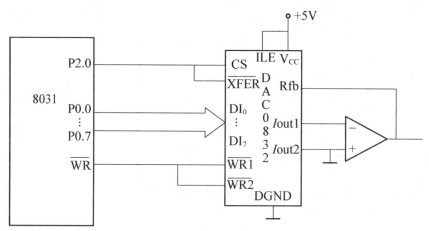

图 7.19 单缓冲器方式的接口电路

由于 DAC8032 具有数字量的锁存功能，故数字量可以直接从 8031 的 P0 口送入。执行下面几条指令就能完成一次 D/A 转换。

```
MOV      DPTR,#TFFFH  ; 指向 DAC0832
MOV      A, #DATA     ; 数字量先装入累加器
MOVX     @DPTR, A     ; 数字量从 P0 口送到 P2.7 所指向的地址，WR̄ 有效时
                        完成一次 D/A 输入与转换
```

2. 双缓冲器同步方式接口

对于多路 D/A 转换接口，要求同步进行 D/A 转换输出时，必须采用双缓冲器同步方式接法。DAC0832 采用这种接法时，数字量的输入锁存和 D/A 转换输出是分两步完成的，即 CPU 的数据总线分时地向各路 D/A 转换器输入要转换的数字量并锁存在各自的输入寄存器中，然后 CPU 对所有的 D/A 转换器发出控制信号，使各个 D/A 转换器输入寄存器中的数据输入 DAC 寄存器，实现同步转换输入。

如图 7.20 所示是一个两路同步输出的 D/A 转换接口电路，这时 DAC0832 工作在双缓冲工作方式。8031 的 P2.5 和 P2.6 端分别选择两路 D/A 转换器的输入寄存器，控制输入锁存；P2.7 端连到两路 D/A 转换器的 XFER 端控制同步转换输出；WR̄ 端与所有的 WR̄1、WR̄2 端相连，在执行 MOVX 输出指令时，8031 自动输出 WR̄ 控制信号。

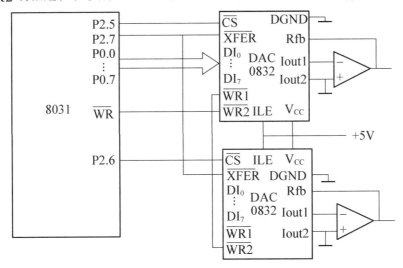

图 7.20　双缓冲器同步方式的接口电路

执行下面 8 条指令就能完成两路 D/A 的同步转换输出。

```
MOV      DPTR, #0DFFFH   ; 指向 DAC0832(1)
MOV      A,   #data1     ; #data1 送入 DAC0832(1)中锁存
MOVX     @DPTR, A
MOV      DPTR, #0BFFFH   ; 指向 DAC0832(2)
MOV      A,   #data2     ; #data1 送入 DAC0832(2)中锁存
MOVX     @DPTR, A
```

```
        MOV        DPTR, #7FFFH      ; 给 0832(1)、0832(1)提供
        MOVX       @DPTR, A          WR 信号，同步完成转换输出
```

3. 应用举例

数模转换器可以应用在许多场合,这里介绍用8051和D/A转换器结合来产生阶梯波。阶梯波是指在一定的时间范围内每隔一段时间,输出幅度递增一个恒定值,如图7.21所示。每隔1ms输出幅度增长一个定值,经10ms后重新循环。用DAC0832在单缓冲方式下就可以输出这样的波形。所需的1ms延迟可以通过延迟程序获得,也可以通过单片机内的定时器来定时。通过延迟程序产生的阶梯波的程序如下。

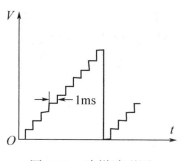

图 7.21　阶梯波形图

```
START:  MOV    A, #00H
        MOV    DPTR, #7FFFH      ; D/A 转换器地址送 DPTR
        MOV    R1, #0AH          ; 台阶数为 10
LOOP:   MOVX   @DPTR, A          ; 送数据至 D/A 转换器
        CALL   DELAY             ; 1ms 延迟
        DJNZ   R1, NEXT          ; 不到 10 个台阶转移
        SJMP   START             ; 产生下一个周期
NEXT:   ADD    A, #10            ; 台阶增幅
        SJMP   LOOP              ; 产生下一个台阶
DELAY:  MOV    20H, #249         ; 开始 1ms 延迟程序
AGAIN:  NOP
        NOP
        DJNZ   20H, AGAIN
        RET
```

7.9.2　实验步骤

分析电路工作原理,按单缓冲方式接线,按实例输入程序,用示波器观察输出波形,详细步骤请读者自拟。

7.9.3 实验仪器和器材

89C51 开发机   一台
DAC0832   二片
μA741 运算放大器   二个

电子电路实训

通过前面几章的学习，读者应该已经比较好地掌握了电子电路的理论知识、电子仪器的操作规程和方法，以及电子电路的实验步骤和要求。学习的目的在于应用，本章将通过大量的应用实例使读者进一步熟悉和掌握所学的知识和技能，同时体会一下电子产品生产制造的全过程。

8.1 基本操作训练

在电子产品的生产过程中，元器件安装焊接、元器件焊接后的引脚处理、焊接检查评判、拆焊等操作是最基本、最重要的环节。为此，本节将主要进行元器件焊接练习。通过练习，掌握电烙铁头的整修、目测电烙铁温度的方法、电烙铁焊接顺序、手工焊接工艺和焊点要领等。

8.1.1 焊接所需器材与工具

焊接所需器材与工具主要包括电烙铁、助焊剂、焊料（39 锡铅焊料）、铆钉板、废器件、印制电路板及剪刀、镊子等。

8.1.2 焊接步骤

1. 电烙铁头的整修

久置不用的电烙铁或新电烙铁启用时，需要整修烙铁头（采用多层合金新工艺制造的长寿命电烙铁头，不需要且不允许对其整修）。用锉刀将烙铁头的两边锉成小于 45°，前面沿锉成 15° 角，尖端锉圆（无钩状）。插上电源插头，待烙铁加热到适当温度，给电烙铁上锡。

2. 手工焊接要点

（1）选用适当的电烙铁。应根据元器件的大小来选择烙铁的大小和型号。

（2）掌握正确的焊接时间和电烙铁的最佳温度。手工焊接的焊接时间一般不大于 3s（所选择电烙铁应能在 3s 内熔化焊接部位的焊料）。普通印制电路板焊接用的电烙铁工作温度约为 230～250℃。

（3）在焊接时，应学会判断焊料的润湿程度，以防止焊接缺陷的产生。所谓适当的润湿状态，就是焊锡应将引线完全覆盖，焊点大小与焊盘相当，焊点形状呈凹圆锥形，焊锡表面均匀且有光泽。

（4）手工焊接的操作顺序。对热容量大的元器件粗引线与焊盘焊接时，应按照"4节拍顺序"进行焊接，如图 8.1（a）所示。而对热容量小的元器件细引线与焊盘焊接时，则应按照"2节拍顺序"进行焊接，其顺序如图 8.1（b）所示。

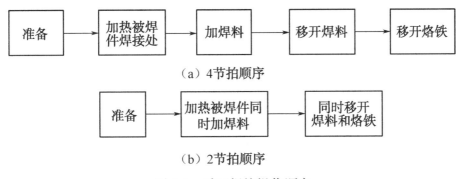

（a）4节拍顺序

（b）2节拍顺序

图 8.1 手工焊接操作顺序

3．焊点练习

焊点练习分为以下几步进行。

（1）焊点成型练习。这一步的主要目的是掌握正确焊接姿势。读者可参阅第 4 章有关内容，学会烙铁的整修及使用方法，焊出大小均匀、光亮又牢固的焊点。采用的练习方法是用光铜丝焊 10×10 个网格。

（2）不同热容量焊件焊接练习。这一步主要练习热容量大小不同焊件的焊接。要求掌握根据被焊件热容量的大小选择合适电烙铁的方法及焊接顺序；掌握元器件引线处理方法，以及焊后引脚处理、修复方法。

（3）印制电路板元器件安装焊接练习。这一步主要练习元器件识别、元器件成型、元器件在印制电路板上的安装及焊接。要求在规定时间内，能识别一定数量的电路元器件，按照焊接工艺焊出合格焊点。

（4）连接器的安装。在焊接连接器之前，应检查连接器的安装是否正确，要求：

① 电连接器应牢固地安装在印制电路板上；

② 电连接器的插孔必须插满插针，以保证插接牢固可靠；

③ 焊接过程中若发现电连接器几何变形或损坏，必须更换新连接器。

（5）连接器引线的焊接要求。将电烙铁头放在引出线和焊座的连接点上，加焊锡，焊接时焊料应加在烙铁头连接部位的结合处，使焊锡紧靠焊接面而不爬升到烙铁头上。

为尽快传递热量，应将烙铁头微向下压，以保证得到良好的焊点。

8.2 声、光控定时电子开关

8.2.1 工作原理

声、光控定时电子开关是一种利用声、光双重控制的无触点开关。晚上光线变暗时，可用声音自动开灯，定时 40s 左右后，自动熄灭；白天光线充足时，无论多大的声音也不开灯。它特别适用于住宅楼、办公楼楼道、走廊、仓库、地下室、厕所等公共场所的照明自动控制，是一种集声、光、定时于一体的自控开关。

声、光控定时电子开关方框图如图 8.2 所示。它由压电陶瓷蜂鸣片、声音放大器、检波器、整形电路、光控电路、电子开关、定时电路和交流开关组成。其工作原理如图 8.3 所示，陶瓷压电蜂鸣片 B 把声音变成直流控制电压。白天，光电二极管 VD_6 受光后，阻值变小，集成电路 A 的⑬引脚的电位与⑦引脚电位相等，则⑤引脚呈低电位，C_4 内无电荷。⑧引脚呈低电位，晶闸管 VS 截止，灯泡不亮。在 VS 截止时，直流电压经 R_1 降压后加到滤波电容 C_2、稳压二极管 VD_5 上，VD_5 的稳压值在 4V 左右。这时 A⑭引脚对⑦脚的电位为 4V。天黑无光照射 VD_6 时，VD_6 阻值会变大，⑬引脚电位将上升到开启电压值，这时集成电路 A 内部的电子开关可以受声音控制。在此情况下，若电路感应到声音，则使⑤引脚电位上升。该高电位通过 R_6 加到⑩引脚放大，经⑧引脚输出，通过限流电阻 R_2 使 VS 导通，灯泡燃亮。发光 40s 左右后，C_4 放电完毕，⑧引脚又变为低电位，VS 关断，电灯熄灭。灯泡发光时间的长短是由时间常数 R_6、C_4 的参数所决定的。R_1、R_2 分别具有降压和减小对 VS 的启动冲击电流、保护灯泡的功能，使灯泡寿命延长。C_1 为抗干扰电容，用于消除灯泡发光抖动现象。

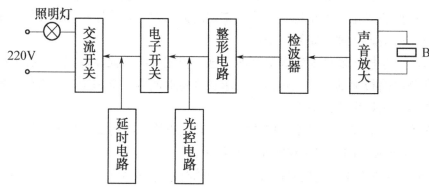

图 8.2 声、光控定时电子开关方框图

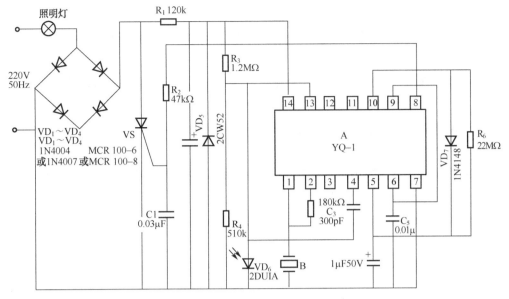

图 8.3　声、光控定时电子开关

8.2.2　安装与调试

（1）声、光开关应串接在照明回路中，如图 8.4 所示，严禁并接在 220V 电源上。

（2）声、光开关最高工作电压不超过 250V，最大工作电流不超过 300mA。

（3）如想改变定时时间，可改变电阻 R_6 或电容 C_4 的数值，定时时间最长可达 60s。

（4）投入使用时，应注意该节电开关最大负载为 60W 白炽灯泡，不能超载。灯泡切记不可短路，接线时要关闭电源或将灯泡先去掉，接好开关后再闭合电源或将灯泡装上。

（5）工作环境温度为-20～45℃。

图 8.4　声、光开关接线图

8.3　水满报警器

如图 8.5 所示是一个可靠的水满报警电路，当水箱里的水位升高到规定限度时，将及时发出报警信号。它可用于救火车中的水箱、家庭中的洗衣机、工业中的锅炉及汛情报警等不同场合。

电路工作原理：该电路主要是由 A_1 ～ A_4 4 个与非门电路组成的。当探针 G 未接触到水时，二极管 VD_2 截止，A_3 的②引脚电平高于 A_2 的⑪引脚，①引脚呈高电平，因而③、⑨引脚呈低电平。这样 A_4、R_4、C_4 组成的振荡电路被封锁而不起振，蜂鸣片 B 不产生告警信号。当探针 G 接触到水时，⑪引脚电位上升，VD_2 导通，则②引脚电平低于⑪引脚，③引脚电平呈高电平，通过反馈电容 C_1 使 A_1 的⑤引脚由低电平变为高电平，与 A_1 的⑥引脚比较后，④引脚变为低电平，③、⑨引脚为高电平，使振荡电路 A_4、R_4、C_4 起振，蜂鸣片 B 将发出频率约为 1kHz 的蜂鸣信号。当探针 G 离开水位时，蜂鸣声延时 5s 后自动停止。

图中反馈电容 C_3 有延时功能。VD_2、VD_3 为隔离二极管。调节电位器 R_P 可以改变直流控制电压的大小。

该电路可按如图 8.5 所示正确焊接，然后用万用表测量集成电路⑭引脚的直流电压，用示波器观察集成电路⑩引脚的波形。

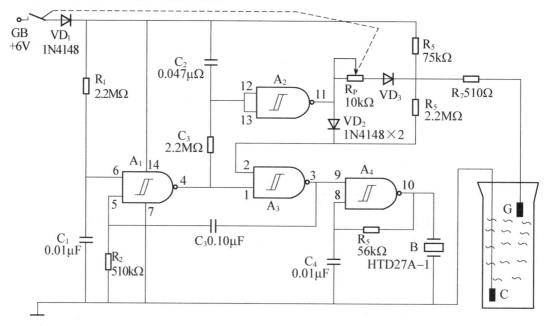

图 8.5 水满报警器

8.4 多功能报警专用集成电路

8.4.1 SGZ07 的原理与应用

SGZ07 多功能报警器集成电路由控制输入、调制振荡、音频振荡、混频放大、扬声输出、闪光输出、电源稳压七个部分组成。它不仅可以用做温度报警、压力报警、防盗报警、失控报警、险情报警等各种报警器，还可用于玩具模拟警车声、汽艇声、摩托车声、汽车喇叭声、机枪声以及动物的叫声，也可以用做驱鼠器、车铃、门铃、蜂鸣器、闪光器等。

8.4.2　性能特点

（1）静态功耗小，耗电电流小于 2.5mA，电源电压为 3V。

（2）外接元件少，仅外接一只电容即可产生一定节奏的闪光信号和发声信号。

（3）适用电压范围宽，电源在 2.4～6V 范内，电路功能均正常。

（4）有两个控制端，两种极性相反的数字信号和模拟信号都能有效控制。

（5）具有两个同步输出通道，分别可直接推动发光二极管 VD 和扬声器 BL。

SGZ07 电路原理框图和外引线排列如图 8.6 所示。采用塑料封装双列直插式，共有 14 个引出脚，W 为内部稳压器，f_1 为调制振荡器，f_2 为音频振荡器，G 为混频放大器。f_1 的振荡频率取决于③、④引脚间的外接电容，f_2 的振荡频率取决于⑤、⑥引脚间外接电容。①、②引脚是两个互为反相的控制输入端，当①引脚为低电位、②引脚为高电位时，f_1 和 f_2 起振。通过混频放大器 G 放大、整形后，由⑩、⑪引脚和⑫、⑬引脚分别输出振荡信号驱动扬声器和闪光器工作。

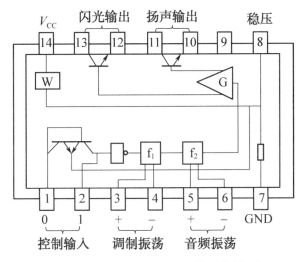

图 8.6　电路原理框图和外引线排列

8.4.3　SGZ07 的典型应用

1. 单频率发声器或信号源

利用不同的电容量 C_1，加到 SGZ07 的③、④引脚进行调制振荡，便可以产生各种不同的单频率信号，如蜂鸣声、汽车喇叭声、电子琴的每个音阶、航标灯的闪光信号、超声信号等。其基本接线图如图 8.7 所示。产生各种不同的单频率信号只需调节 C_1 的容量不同即可，具体各种发声可参考表 8.1。

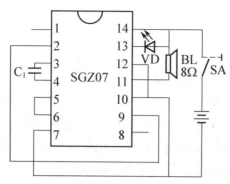

图 8.7　多用报警专用集成电路接线图

表 8.1　各种不同的发声所需配置的电容器容量

C_1	单位	输出信号特征
0.47 ~ 0.1	μF	蜂鸣声，闪光近似连续
0.1 ~ 0.22	μF	汽车喇叭声，闪光近似连续
0.33 ~ 0.47	μF	汽艇或摩托车声，闪光快
0.01 ~ 0.47	μF	每相差 0.01μF，就能发出一个音阶的电子琴声
10 ~ 220	μF	打击声，闪光慢，可用做各种闪光枪
0.0001 ~ 0.002	μF	超声信号

2．双频率发声器或信号源

　　如警报声、机枪声及鸡叫声、牛叫声等，都是由两个频率的信号合成的。利用 SGZ07 将电容 C_1 接至③、④引脚，电容 C_2 接至⑤、⑥引脚，如图 8.8 所示。适当选配 C_1 和 C_2 的值便可巧妙地把这些声音模拟出来，至于 C_1、C_2 的搭配，可参考表 8.2。

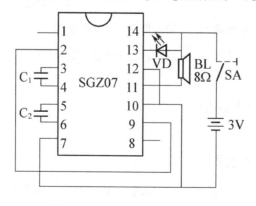

图 8.8　双频率发生器接法

表 8.2 几种不同的声音所需 C1、C2 的搭配

C_1	C_2	单位	输出信号特征
4.7	0.47 ~ 1	μF	机关枪，快闪光
10 ~ 33	0.1 ~ 1	μF	警报声，闪光较快，适做报警器，汽车闪光器
33 ~ 50	0.1 ~ 0.47	μF	鸟、鸡叫声，闪光较慢
100 ~ 220	4.7	μF	牛、熊叫声，闪光慢
22 ~ 33	0.47 ~ 1.5	μF	孔雀叫声，闪光较快

3. 各种报警器

各种报警器的基本接法如图 8.9 所示。该电路实际上就是在图 8.7 和图 8.8 所示电路的基础上调出警报声后，再在 SGZ207 的①引脚或②引脚接上不同的传感器件或控制信号，同时适当调节一下 R_1 或 R_2 的值，便可获得不同的报警器。①、②引脚是两个相位相反的控制端，控制的核心是控制②引脚相对于⑧引脚的电位，当②引脚对⑧引脚的电位小于 0.5 V 时，振荡器不起振，扬声器 BL、发光二极管 VD 均无输出；而当②引脚对⑧引脚的电位大于 0.7 V 时，振荡器起振，扬声器、闪光灯均有输出。所以当②引脚所接的 R_2 值一定，并且直接接 V_{CC} 时（V_{CC} 为 SGZ07 的正电源电压），①引脚所接的 R_1 变大，或 SA_1 断开，R_1 直接接 "0" 信号时，扬声、闪光都会有输出，反之则无。

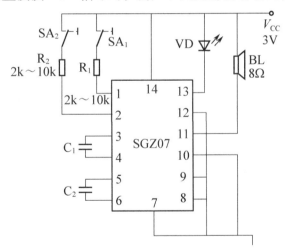

图 8.9 各种报警器的基本接法

若①引脚所接 R_1 的值一定，并直接接 V_{CC} 时，R_2 的值变小，或 SA_2 闭合，或 R_2 接 "1" 信号（此时 R_2 可不要），则扬声器、闪光灯也都有输出，反之则无。可见①、②引脚均为受控输入端，只是相位相反而已，并且可受控于敏感元件（表现为阻值变大或变小），也可受控于开关元件（闭合或关断），还可受控于模拟信号（电位升高或降低）或数字信号（"0" 或 "1"）。控制灵敏度或控制点，是通过对 R_1、R_2 确定其中之一后，再调整另一个来实现的。

例如，按如图 8.9 所示连接一个降温报警器。R_1 是一个 2kΩ 的热敏电阻（负温度参

数），要求温度降至 20℃就报警，则需先求出此时热敏电阻的阻值，用一等值电阻代换接入①引脚与 V_{CC} 之间，再逐步调整 R_2 使报警器刚好发声、闪光，然后将①引脚上的电阻换为热敏电阻，则到达该温度时就会报警。

再如，可按如图 8.9 所示做一个光弱报警电路。青少年看书写字时，如不注意光线明暗，长期在弱光下学习，势必会患近视眼病。将 R_1 换成一个 ORP61 型光敏电阻，将 R_2 换成一个 10kΩ 的电位器。把光敏电阻 ORP61 置于标准照度下，即桌面照度以 100LX（勒克斯）为宜。调节电位器由阻值最大向阻值小的方向缓慢旋转到某一点时，扬声器发出声音，发光管闪亮。然后将电位器稍微退一点，使响声、闪光恰好停止。使用时，当光线暗于标准照度，电路会立即发出声、光报警信号；当光线强于标准照度时，则无声，闪光熄灭。

4．SGZ07 输出功率的扩展

SGZ07 通常扬声输出电流约为 50～100mA，闪光输出电流为 5～10mA，一般可直接驱动 0.25W 的扬声器和发光二极管。若需要更大的输出功率，可外接 PNP 或 NPN 型功率管。如图 8.10 所示为 PNP 型功率管接法，如图 8.11 所示为 NPN 型功率管接法。由于功率扩大，原定闪光输出可改为扬声器输出，扬声器输出改为接灯泡，因为这两个通道是同步的，只要功率合适，可以互换。

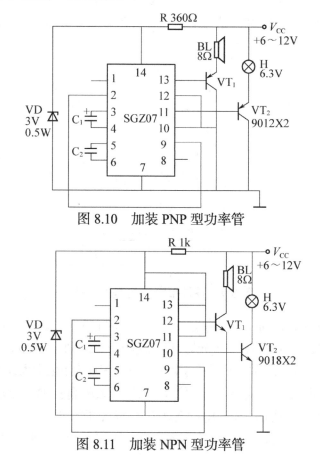

图 8.10　加装 PNP 型功率管

图 8.11　加装 NPN 型功率管

8.5 迷你闪光彩灯

8.5.1 工作原理

利用"节日灯泡"一闪一闪的特点制作的简易节日彩灯闪光装置，具有成本低、制作简单、性能可靠、效果良好等优点。

闪光彩灯电路如图 8.12 所示。三极管 VT_1、VT_2 等元件构成自激多谐振荡器。电容 C_3、C_4 的交替充电与放电，使三极管 VT_1 与 VT_2 也交替地饱和与截止。于是从 VT_1 的集电极输出一个振荡信号送入双向晶闸管 VS 的控制极 G，使 VS 导通，彩灯 H 闪亮。

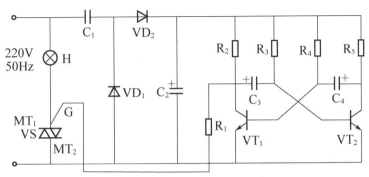

图 8.12 迷你闪光彩灯电路

其中，振荡频率主要取决于 R_3、R_4 和 C_3、C_4 的值。由于选用元件时使 $R_3 = R_4$，$C_3 = C_4$，所以适当选择 R_3、R_4 和 C_3、C_4 的值，可控制 VT_1、VT_2 的导通时间约为 3s，截止时间也为 3s。电阻 R_1 为限流电阻，它可以根据双向晶闸管 VS 控制端的不同要求，调整其阻值的大小。由于多谐振荡器在较宽的电压范围内均能起振工作，所以电源采用了电容 C_1 降压，不仅体积小、重量轻、形式简单，而且成本低、不发热。

双向晶闸管 VS 和三极管 VT_1、VT_2 的外形及引脚排列如图 8.13 所示。

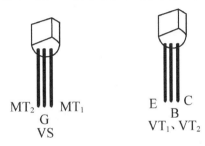

图 8.13 VS 和 VT1、VT2 的外形及引脚排列

8.5.2 选择元器件

电容 C_1 选 0.47μF/400V，C_2 选 220μF/400V，C_3、C_4 选 200μF/100V。电阻 R_1 为 1.2kΩ，R_2、R_5 为 1kΩ，R_3、R_4 为 20kΩ；均为功率 1/4W 金属膜电阻。二极管 VD_1、VD_2 选 1N4004；双向晶闸管 VS 选 MAC97A6；三极管 VT_1、VT_2 为 C9014 或 9018。

8.5.3 使用注意事项

（1）该电路彩色灯泡 H 最大功率不得大于 160W。
（2）该电路许多点上直通市电 220V 电源电压，要注意电路的绝缘。

8.6 音频功率放大器

8.6.1 工作原理

音频功率放大器适用于双声道双卡收录机及立体声音响。其电路增益可达 80dB，非线性失真小于 5%，工作原理如图 8.14 所示。输入的音频微信号经电容 C_1 耦合到前置运算放大器 A 的①引脚进行放大，其⑤引脚送出的信号经两个并联对称、平衡的功放三极管 VT_1、VT_2 射极同相输出。

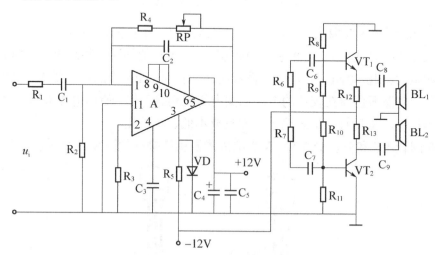

图 8.14 音频功率放大器

其中，C_2、R_4、RP 构成负反馈电路，C_3 为高频补偿电容，C_4、C_5 为电源滤波电容。电阻 $R_8 \sim R_{11}$ 为三极管 VT_1、VT_2 的偏置电阻。低频端频响好坏取决于输出端电容量 C_8、C_9 的容量大小，同时也起到隔直作用。调节电位器 RP 可调节增益达 110 dB 以上。

8.6.2 选择元器件

电容 C_1、C_6、C_7 为 22μF/25V，C_2 为 18pF，C_3 为 300pF，C_4 为 50μF/16V，C_5 为 0.022μF，C_8、C_9 为 100μF/25V；电阻 R_1 为 1kΩ，R_2、R_3 为 620Ω，R_4 为 6.8kΩ，R_5 为 510Ω，R_6、R_7 为 100Ω，R_8、R_{11} 为 20kΩ，R_9、R_{10} 为 51kΩ，R_{12}、R_{13} 为 510Ω，以上电阻的标称功率均为 1/6W；电位器 RP 为 15kΩ、1/2w；稳压二极管 VD 选 2CW21H；集成运算放大器电路 A 用 5G922；三极管 VT_1、VT_2 为 3DD61C 或 2SD288，$\beta \geqslant 25$；扬声器 BL_1、BL_2 采用 8 Ω，4～10 W。

8.6.3 使用注意事项

（1）该电路输入电阻为 600Ω。

（2）按照要求，电路增益可达 110dB。

（3）大功率三极管 VT_1、VT_2 需安装散热器，以增大散热面积，提高带负载能力。

8.7 集成闪光声响电路

8.7.1 工作原理

用一片 PSS3207 集成电路可以制成一个闪光声响器。它可用做儿童电子玩具，也可用做报警装置，工作原理如图 8.15 所示。A 中的②、④、⑤引脚分别为蜂鸣片 B、发光

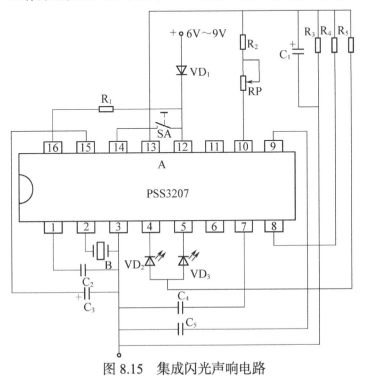

图 8.15 集成闪光声响电路

二极管 VD$_2$、VD$_3$ 的控制脚。当合上开关 SA，⑭引脚将变为高电平，从而使 PSS3207 开始工作，VD$_2$ 和 VD$_3$ 交替闪烁，其闪烁间隔约为 1 s，②引脚输出一系列振荡信号驱动 B 发出忽大忽小的声响。电路工作时消耗电流为 40 mA。当电源电压小于 5V 时，则 VD$_3$ 熄灭，VD$_1$ 和 B 长亮、长鸣。调节电位器 RP，可以改变闪光声响的电平大小。

8.7.2　选择元器件

电容 C$_1$ 选 4.7μF/16V，C$_2$、C$_4$、C$_5$ 选 47 000pF，C$_3$ 为 0.47μF/50V；电阻 R$_1$ 为 2.7MΩ，R$_2$ 为 680Ω，R$_3$ 为 220Ω，R$_4$ 为 5.1MΩ，R$_5$ 为 270Ω，以上电阻的标称功率均为 1/8W；电位器 RP 选 4.7kΩ；二极管 VD$_1$ 为 2AP10；发光二极管 VD$_2$ 选用 BT301A（绿色），VD$_3$ 为 BT201A（红色）；集成电路 A 采用 PSS3207；蜂鸣片 B 为 HTD27A-1；开关 SA 用 KNX（1×1）。

8.8　由运算放大器组成的恒流源电路

8.8.1　工作原理

如图 8.16 所示为一个由运算放大器组成的恒流源电路。在该电路中，稳压管提供基准电压 V_{REF}，R$_1$ 为稳压管的限流电阻，当稳压管提供的基准电压 V_{REF}=6V、R_S=51Ω 时，该电路向负载电阻提供的恒定电流为

$$I_L = \frac{V_{REF}}{R_S} = \frac{6(V)}{51(\Omega)} \approx 120(mA)$$

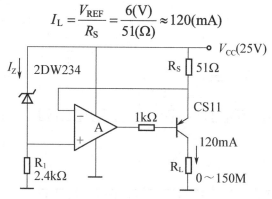

图 8.16　恒流源电路（1）

设计恒流源电路时，必须注意负载的变化范围。设 R_{Lmax} 为负载电阻的最大值，R_{Lmin} 为负载电阻的最小值，负载电阻 R_L 的变化范围为

$$R_{Lmin} < R_L < R_{Lmax}$$

因为 I_L 为恒定电流，则输出电压应为

$$R_{Lmin}I_L < U_o < R_{Lmax}I_L$$

由上式可以看出，当 I_L 一定时，U_o 越大，负载电阻允许变化的范围就越大。为了保证电路可靠工作，晶体管应采用大功率管，即电路中晶体管的耗散功率应小于它的最大允许功耗。

如图 8.17 所示恒流源电路也可以向负载提供几百毫安的电流。由图可知，基准电压 V_{REF} 最大可达 6V（稳压二极管的稳压值），因此该恒流源的最大恒定电流为

$$I_L = \frac{6(V)}{51(\Omega)} \approx 120(mA)$$

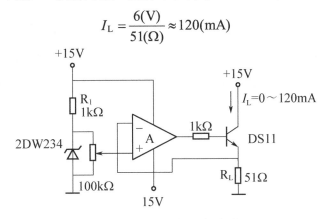

图 8.17 恒流源电路（2）

随着基准电压的下降（调节 100kΩ 电位器），输出电流将会减小。运算放大器的输出端通过限流电阻（1kΩ）与功率晶体管 T 的基极相连，驱动晶体管 T，使其可向负载提供较大的输出电流。当负载电阻 R_L=30Ω 时，晶体管 T 的功耗约为 1.8W。使用时，必须注意管壳的温度，当管壳的温度升高时，T 允许的功耗将会下降。

8.8.2 选择元器件

（1）对运放的要求：开坏增益 $A_0 > 10^5$，失调电压、失调电流应小些。
（2）对晶体三极管的要求：要考虑三极管的最大功耗。

8.9 由模拟乘法器组成的压控振荡器

8.9.1 工作原理

压控振荡器电路包括两个部分：一是模拟乘法器的外围电路，二是整个闭环电路。模拟乘法器 MC1595 的典型接线图如图 8.18 所示。图中，运算放大器 μA741 是使乘法器由双端输出变为单端输出的变换器，R_w 用于输出失调调零，R_{wX}、R_{wY} 用于乘法器的输入失调调零，R_{wK} 用于调节相乘增益 K。乘法器的有关内容可参阅相关书籍，此处不再赘述。

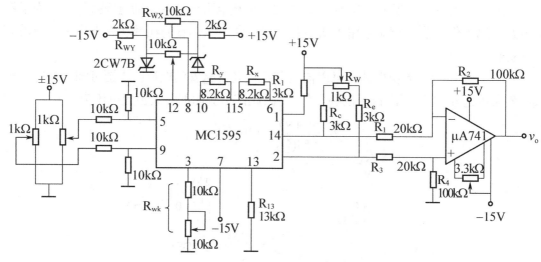

图 8.18　MC1595 的典型接线图

如图 8.19 所示是压控方波-三角波发生器的方框图。由图可见,该电路由四部分组成,即乘法器、积分器、比较器和限幅电路。在这个闭环系统中,v_{o2} 和输入电压 v_Y 相乘,作为积分器的输入电压,v_{o1} 和 v_{o2} 的频率将受 v_Y 的控制,积分器输出三角波,比较器输出方波。

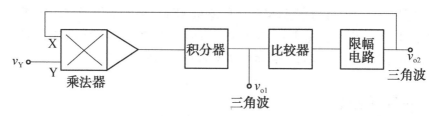

图 8.19　压控方波-三角波发生器的方框图

如图 8.20 所示是没有限幅电路的方波-三角波发生电路。模拟乘法器采用 MC1595,运算放大器 A_3 是单端转换电路,A_1 组成积分器,A_2 组成比较器。电路的工作原理简述如下。

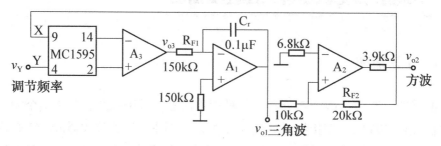

图 8.20　没有限幅电路的方波-三角波发生电路

设 $v_Y > 0$,当比较器 A_2 的输出电压 v_{o2} 为正时,由于 $v_{o3}=Kv_Xv_Y$,积分器的输入也为正,因而积分器进行负向积分。在极性相反的 v_{o1} 和 v_{o2} 的共同作用下,在某一时刻,当

A_2 的同相端达到零电平（$v_E=0$），比较器 A_2 翻转，v_{o2} 由正变为负。与此同时，$v_{o3}=Kv_Xv_Y$ 也由正变为负，因而积分器进行正向积分。在极性相反的 v_{o1} 和 v_{o2} 的共同作用下，在某一时刻，A_2 的同相端又达到零电平（$v_E=0$），比较器 A_2 再次翻转。如此周而复始，形成振荡，产生方波-三角波输出，其波形如图 8.21 所示。

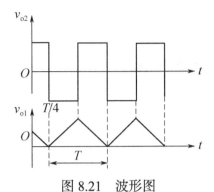

图 8.21　波形图

由上述分析可知：方波的幅值由比较器 A_2 决定，如果 v_{o2} 的幅值过大，则可接一级限幅电路。

比较器 A_2 同相端电压 v_E 由 v_{o1} 和 v_{o2} 共同决定，根据叠加原理可得

$$v_E = \frac{R_{F2}}{R_1 + R_{F2}}v_{o1} + \frac{R_{F2}}{R_1 + R_{F2}}v_{o2}$$

当电路翻转时，$v_E =0$，代入上式，可得积分器输出电压 v_{o1} 的幅值为

$$v_{o1M} = -\frac{R_1}{R_{F2}}v_{o2}$$

显然，改变 R_1 和 R_2 的阻值，可以改变 v_{o1} 的幅值。

又由图 8.21 可知：当 $t = \dfrac{T}{4}$ 时，A_1 的输出电压为

$$v_{o1M} = -\frac{Kv_{o2}v_Y}{R_{F1}C_F} \cdot \frac{T}{4}$$

式中，$Kv_{o2}v_Y$ 是乘法器的输出电压 v_{o3}。

由此可得周期 T 的表达式，即

$$T = \frac{4R_1R_{F1}R_F}{KR_{F2}v_Y}$$

所以

$$f = \frac{KR_{F2}}{4R_1R_{F1}C_F}v_F$$

上式表明：在电路参数确定之后，振荡频率 f 受输入电压 v_F 的控制。

8.9.2 电压控制的方波-三角波发生器技术指标

三角波：±3V；

方波：±6V；

频率：50～500Hz 连续可调。

8.10 集成运放组成的万用表

万用表可用于测量电压、电流及电阻。在理想情况下，电表接入被测电路，应不改变被测电路的原工作状态。为此，电压表应有无穷大的输入电阻，电流表应有为零的内阻。实际上，电压表的输入电阻不可能无穷大，而电流表的内阻也不可能为零。因此电表的接入将会引入测量误差。采用集成运放组成的电表，可大大减小电流表的内阻值，增加电压表的输入电阻值，从而在很大程度上减小了测量误差。

此外，对于交流电表，则常常采用二极管组成的桥式整流电路先进行整流，然后用磁电式微安表来测量。然而，二极管的压降和非线性特性又会给测量带来误差，当被测电压较小时，误差特别严重。采用集成运放组成的电表，能大大减小此类误差。

8.10.1 工作原理

1. 直流电压表

如图 8.22 所示为同相端输入、高精度直流电压表原理图。图中，R_F 为表头内阻 R_M 与外接串联电阻 R 之和。

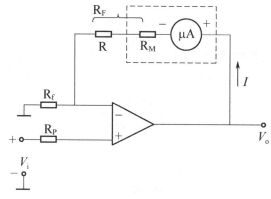

图 8.22　直流电压表原理图

在理想条件下，图 8.22 中表头电流 I 与被测电压 V_i 的关系为

$$I = \frac{1}{R_\text{f}} V_\text{i}$$

由此可见，表头中电流与表头参数及串联电阻 R 无关，只要改变电阻 R_f，就可以进行量程切换。

此外，在理想情况下，集成运放的输入阻抗趋近于无穷大。因此，采用集成运放后，可以大大增加电表的输入电阻。

应当指出，如图 8.22 所示测量电路要求被测电路应与运算放大器共地。而当被测电压较高时，在运放的输入端应设置衰减器。

2. 直流电流表

如图 8.23 所示是直流电流表电原理图。因为组件的开环增益 A_0 很大，所以

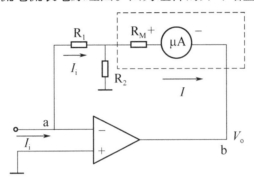

图 8.23　直流电流表电原理图

$$V_- \approx V_+ = 0$$

又因为运放本身的输入电阻很高，所以流入运算放大器反相端的信号电流可以忽略，故有

$$-R_1 I_\text{i} = (R_2 I_\text{i} - I)$$

所以

$$I = \left(1 + \frac{R_1}{R_2}\right) I_\text{i}$$

可见，改变电阻比 R_1 / R_2，可调节流过电流表的电流，从而提高灵敏度。

设图 8.23 中 a、b 两点间的等效电阻为 R_F，则

$$I_\text{i} R_\text{F} = I_\text{i} R_1 + R_\text{M} I$$

将 $I = \left(1 + \dfrac{R_1}{R_2}\right) I_\text{i}$ 代入上式，得

$$I_\text{i} R_\text{F} = I_\text{i} R_1 + R_\text{M} \left(1 + \frac{R_1}{R_2}\right) I_\text{i}$$

所以

$$R_\text{F} = R_1 + R_\text{M} \left(1 + \frac{R_1}{R_2}\right)$$

利用密勒定理，将 R_F 折算到 a 点对地的电阻 r_i 为

$$r_i = \frac{R_F}{1 + A_0}$$

r_i 就是采用集成运放后直流电流表的内阻。

由此可见，采用运算放大器后，电流表电路的内阻减小到普通电流表内阻的 $1/(1 + A_0)$，由于 A_0 趋近于无穷大，故电流表的内阻趋近于零。

如图 8.23 所示电路要求被测电路应与运放共地。若被测电流回路无接地点时，即所谓浮地时，应把运算放大器的电源也对地浮起来，电流表电路如图 8.24 所示。

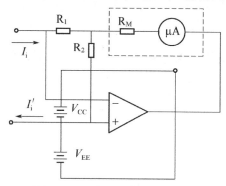

图 8.24 浮地电流表原理图

当被测电流较大时，应给电流表表头并联一个分流电阻或更换适当量程的表头。

3．交流电压表

交流电压表电路如图 8.25 所示。图中，因为被测交流电压 V_i 加到运算放大器的同相端，所以有很高的输入电阻；又因为负反馈能减小反馈回路中的非线性影响，故把二极管桥路和表头置于运算放大器的反馈回路中，以减小二极管本身的非线性影响。当组件为理想特性时 $A_0 \to \infty$，组件的输入电流近似为零，故有：

$$V_- \equiv V_+ = V_i$$

$$I = V_i / R_f$$

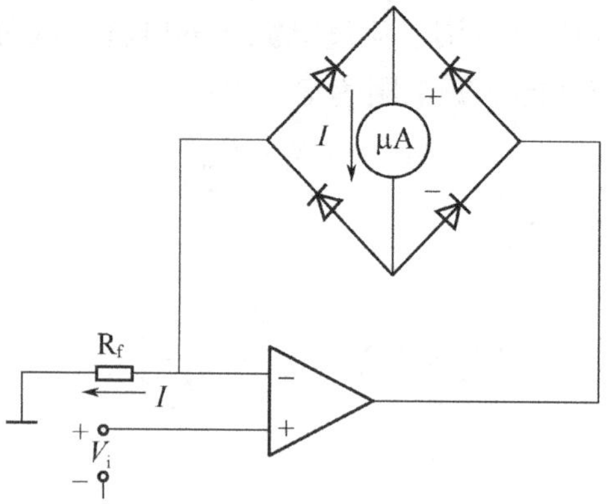

图 8.25 交流电压表电原理图

电流 I 全部流过桥路，其值仅与 V_i/R_f 有关，与桥路和表头参数（如二极管的死区等非线性参数）无关。表头中电流与被测电压 V_i 的全波整流平均值成正比。若 V_i 为正弦波，则表头可按有效值来刻度。

被测电压的上限频率取决于运放的频带和上升速率。在理想情况下，组件的差模输入电阻 r_d、开坏增益 A_0 都趋于无穷大，所以交流电压表的输入电阻 R_i 可认为趋于无穷大。

4. 交流电流表

如图 8.26 所示是一个高灵敏度共地交流电流表电路，表头和二极管整流桥置于反馈回路中，运算放大器的两个输入端电位差近似为零。应用密勒定理，将反馈支路的电阻折算到输入端，其阻值减小到原来的 $1/(1+A_0)$，即从输入端看进去，电流表的内阻 r_i 极低，在理想情况下可认为电流表的内阻 r_i 为零。和交流电压表相同，流经表头的电流与二极管和表头的参数无关。

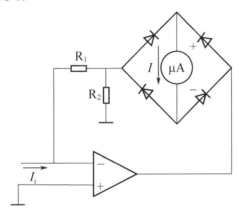

图 8.26　交流电流表电原理图

显然，表头读数由被测交流电流的全波整流平均值 I_{iAV} 决定。仿照图 8.23 的分析方法，有

$$I = \left(1 + \frac{R_1}{R_2}\right)I_{iAV}$$

同样，为了测量电位浮动的交流电流，可采用如图 8.27 所示电路。做实验时，如果没有供测量用的交流电流，可以通过下述方法获得：将如图 8.26 所示的交流电流表与一电阻 R 串联后接到 50Hz 的交流电源中。当 $R \geq r_i$ 时，即可获得 50Hz 稳定的交流电流。当调节 50Hz 的交流电源电压时，即可得到不同的恒定交流电流。

5. 欧姆表电路

欧姆表电路如图 8.28 所示，被测电阻 R_X 跨接在运算放大器的反馈回路中。同相端加基准电压 V_{REF}，因为

$$V_- \equiv V_+ = V_{REF}$$
$$I_F \equiv I_X$$

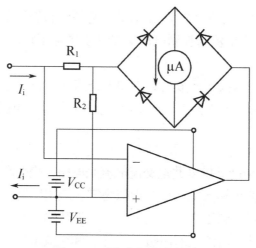

图 8.27　浮动交流电流表

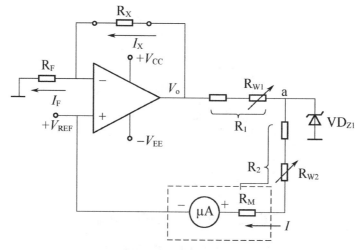

图 8.28　欧姆表电路

故得

$$\frac{V_o - V_{REF}}{R_X} = \frac{V_{REF}}{R_F}$$

即

$$R_X = \frac{R_F}{V_{REF}}(V_o - V_{REF})$$

流经表头的电流 I 为

$$I = \frac{V_o - V_{REF}}{R_1 + R_2}$$

由此得到

$$I = \frac{V_{REF} R_X}{R_F(R_1 + R_2)}$$

可见，电流 I 与被测电阻成正比，而且因为表头具有线性刻度，改变电阻 R_F，即可改变欧姆表的量程。这种欧姆表能自动调零，当 $R_X = 0$ 时，电路变成电压跟随器，$V_o = V_{REF}$，表头电流必为零，从而实现了自动调零。

电路中稳压管 VD_{Z1} 起保护作用。例如，当 $R_X = \infty$，即测量端开路时，放大器的输出电压接近于电源电压，如无 VD_{Z1}，则表头过载。有了 VD_{Z1} 就可将 a 点钳位，表头就不会过载。当 R_X 为正常量程内的阻值时，因 a 点电位还不能使 VD_{Z1} 反向击穿，故 VD_{Z1} 不影响电表读数。调节 R_{W2}，使 R_X 超量程时的表头电流略高于满偏电流，但又不损坏表头，故 R_{W1} 用做满量程调节。

8.10.2 选择元器件

（1）表头：电压表、欧姆表的表头灵敏度小于 $100\mu A$，内阻为 1 kΩ左右，应根据测试电流的大小来选择电流表表头的量程。

（2）电阻：电路中的电阻均采用 1/4W 的金属膜电阻。

（3）运算放大器：输入电阻 500kΩ以上，输出电阻小于 $100\,\Omega$，A_0 在十万倍以上。

（4）二极管：可选用整流二极管或检波二极管。

8.10.3 技术指标

（1）直流电压表：满量程+5V。

（2）直流电流表：满量程 10mA。

（3）交流电压表：满量程 5V，50Hz ~ 1kHz。

（4）交流电流表：满量程 10mA。

（5）欧姆表：满量程 1kΩ。

8.11 频率计

8.11.1 工作原理

频率计可用于测量信号的频率及周期，其计电路原理框图如图 8.29 所示。该电路主要由定时器 5G555、时序发生器 T123、计数器 74LS90、锁存器 T451、译码器 74LS47 和显示器 TFK-433 六部分组成。定时器用于产生脉冲宽度为 1s 的定时脉冲；时序发生器用于产生锁存和清零脉冲；计数器用于完成对输入脉冲的计数任务；锁存器用于实现记忆测量结果的功能；译码显示部分用于完成测量结果的显示。

当定时器 5G555 输出为高电平时，输入控制被打开，计数器对输入脉冲（经整形得到的方波信号）计数。当定时器输出变为低电平时，计数脉冲被切断，同时时序发生器发出一锁存信号，将测量的结果送入锁存器，待锁存稳定后，时序发生器再发出一清零脉冲，使计数器全部复位，等待下一次测量。

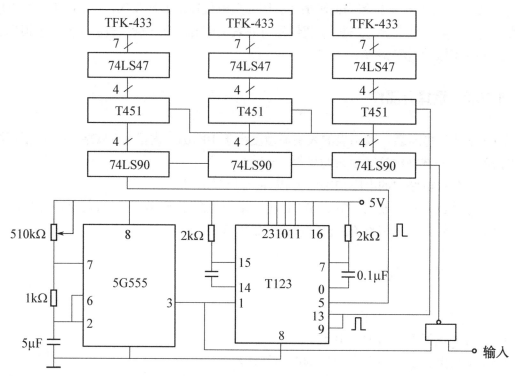

图 8.29 频率计电原理框图

8.11.2 选择元器件

5G555 定时器一片，74LS90 十进制计数器三片，T123 可重触发单稳态触发器一片，T065 二输入四与非门一片，74LS47 译码器三片，TFK-433 显示器三片，T451 四 D 锁存器三片，510 k Ω电位器一个，1 k Ω电阻一个，5μF 电容一个，2 k Ω电阻两个，0.1μF 电容两个。

8.11.3 电路调试步骤

（1）画出电路原理图。

（2）弄懂各部分的工作原理及作用。

（3）按电路原理图接线，并认真检查电路是否正确。

（4）依次调试定时器、时序发生器、计数器、锁存器及译码显示电路。

（5）用标准频率信号输入，调整定时器以满足精度要求。

8.12 数字电压表

8.12.1 工作原理

数字电压表原理框图如图 8.30 所示，该框图主要由脉冲发生器 5G555、时序发生器 T123、计数器 T215（74LSI93）、74LS90、译码器 74LS47、显示器 TFK-433 六部分组成。脉冲发生器产生约 1kHz 的方波信号，时序发生器产生锁存和清零脉冲，由 T215 构成的计数器产生被测电压的十六进制数字量，由 74LS90 构成的计数器产生对应于被测电压的十进制数字量，锁存器保存该数字量以备显示，译码器和显示器可实现测量结果的显示。

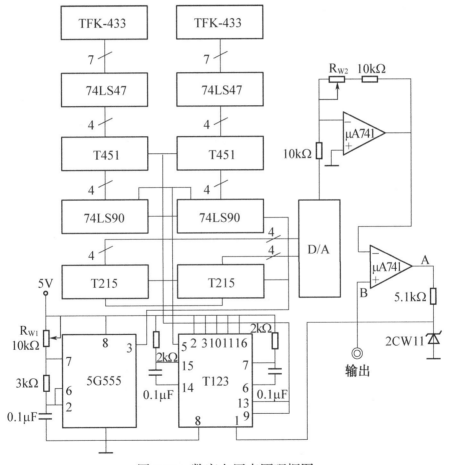

图 8.30　数字电压表原理框图

当输入端有正电压信号输入时，电压比较器的输出为高电平，计数器开始计数，同时D/A 转换器将计数值转换成模拟电压，送给电压比较器的反相端，与被测电压进行比较。随着计数值的增大，D/A 转换器的输出电压也增大，当 V_B（$V_B=V_{in}=KD$）等于（实际上稍大于）

被测电压时，比较器的输出跳到低电平。此信号送给 T123，使其产生一个锁存脉冲，等到数据锁存稳定后，T123 又发出一个清零脉冲，使计数器清零。此后，比较器输出又为高电平，计数器开始重新计数，同时锁存器中的测量结果经译码后，在显示器上显示。

8.12.2　选择元器件

5G555 定时器一片，T123 可重触发单稳态触发器一片，DAC0832D/A 转换器一片，KA741 运放三片，T215 十六进制计数器、T451 四 D 锁存器、74LS47 译码器、TFK-433 七段显示器、T210 十进制计数器各两片，10 kΩ电位器两个，3 kΩ、47 kΩ、5.1 kΩ、10 kΩ 电阻各一个，2kΩ电阻两个，2CW11 稳压二极管一个，0.1μF 电容三个。

8.12.3　电路调试步骤

（1）画出电压表电原理图。
（2）弄懂各部分的工作原理及其作用。
（3）按原理图接线，并认真检查。
（4）分块调试：脉冲发生器，计数器，锁存器，译码器，显示器。
（5）测量某一标准电压，调节 R_{w2} 使显示值与被测值相符（要求有效数字两位）。

8.13　电子琴

8.13.1　工作原理

电子琴电路由编码器、N 分频器、振荡器、八度音分离器、电子开关、放大器和控制逻辑 7 部分组成，如图 8.31 所示。编码器将输入转换成对应的二进制码，在控制逻辑

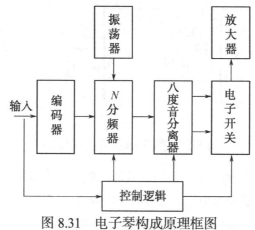

图 8.31　电子琴构成原理框图

的作用下，将该数码预置到 N 分频器中；八度音分离器用于区分中、高音；电子开关可使放大器与分离器连通。所有单元电路均由控制逻辑协调工作。

电子琴电原理图如图 8.32 所示。演奏时，按下任一琴键，编码器输出与之对应的分频数，经过延时后，使 $\overline{LD}=0$，将分频数置入减法计数器，同时减法计数器开始工作。当减法计数器回零后，N 分频器输出一个窄脉冲，它有两个作用：①使 $\overline{LD}=0$，将减法计数器置入新的分频数，然后进入下次循环；②该脉冲进入八度音分离器，输出二分频或四分频的对称方波，二分频对应高音，四分频对应中音。与非门 G_1 和 G_2 的状态用于控制与或非门电子开关以决定究竟是高音还是中音进入放大器电路。

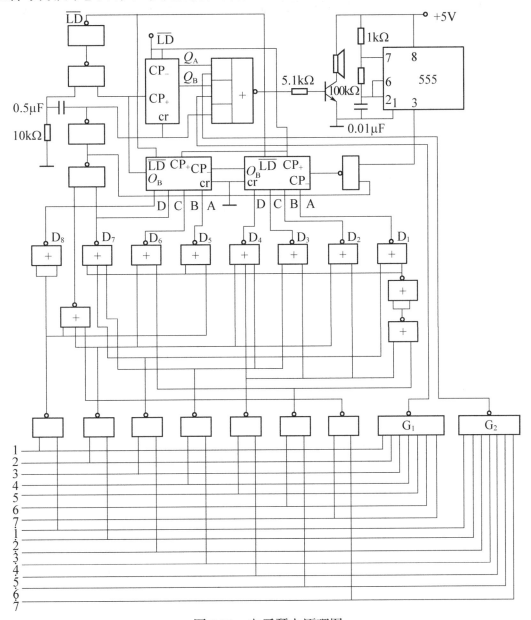

图 8.32　电子琴电原理图

8.13.2　选择元器件

T065 二输入四与非门三片，74LS30 八输入与非门两片，74LS27 三输入三或非门一片，74LS02 二输入四或非门两片，T072 与或非门一片，74LS193 十六进制计数器三片，5G555 定时器一片，100Ω、5.1kΩ、1kΩ、10kΩ电阻各一个，0.01μF、0.15μF、0.5μF 电容各一个。

8.14　单片机与 A/D 转换器接口技术（8 位模拟信号数据采集系统）

ADC0809 是 8 位逐次逼近型 A/D 转换器，它可以对 8 个模拟信号进行采样和 A/D 转换。8051 单片机与 ADC0809 构成的数据采集系统在工业控制和家电产品中得到了广泛的应用。

8.14.1　工作原理

ADC0809 与 8051 单片机的硬件接口有 3 种方式：查询方式、中断方式和等待延迟方式，究竟采用哪种工作方式应视具体情况而定。下面仅介绍查询方式。采用查询方式时 ADC0809 与 8051 单片机的硬件接口如图 8.33 所示。

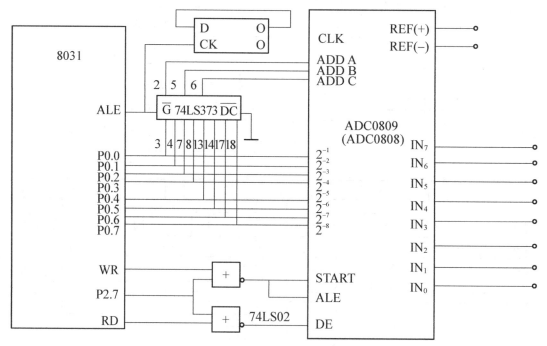

图 8.33　ADC0809 查询方式接口电路

ADC0809 片内无时钟,可利用 8031 提供的地址锁存允许信号 ALE 经 D 触发器二分频后获得。ALE 脚的频率是 8031 单片机时钟频率的 1/6,如果单片机时钟频率采用 6MHz,则 ALE 引脚的输入频率为 1MHz,再经二分频后变为 500kHz,符合 ADC0809 对时钟频率的要求。由于 ADC0809 具有输出三态锁存器,故其 8 位数据输出引脚可直接与数据总线相连。地址译码引脚 A、B、C 分别与地址总线的低三位 A_0、A_1、A_2 相连,以选通 $IN_0 \sim IN_7$ 中的一个通道。将 P2.7(地址总线最高位 A_{15})作为片选信号,在启动 A/D 转换时,由单片机的写信号 $\overline{WR}$ 和 P2.7 控制 ADC 的地址锁存和转换启动。由于 ALE 和 START 连在一起,因此 ADC0809 在锁存通道地址的同时也启动转换。在读取转换结果时,用单片机的读信号 $\overline{RD}$ 和 P2.7 引脚经一级或非门后,产生正脉冲作为 OE 信号,用于打开三态输出锁存器。由图 8.33 所示可知 P2.7 与 ADC0809 的 ALE、START 和 OE 之间有如下关系:

$$ALE = START = \overline{\overline{WR} + P2.7}$$
$$OE = \overline{\overline{RD} + P2.7}$$

可见 P2.7 应置为低电平。

由以上分析可知:在软件编写时,应令 P2.7=A_{15}=0;A_0、A_1、A_2 给出被选择的模拟通道的地址;执行一条输出指令,启动 A/D 转换;执行一条输入指令,读取 A/D 转换结果。

下面的程序是采用查询的方法,分别对 8 路模拟信号轮流采样一次,并依次把结果转存到数据存储区的采样转换程序。

```
MAIN:   MOV    R1 , #data        ; 置数据区首地址
        MOV    DPTR , #7FF8H     ; P2.7=0,且指向通道 0
        MOV    R7 , #08H         ; 置通道数
LOOP:   MOVX   @DPTR , A         ; 启动 A/D 转换
        MOV    R6 , #0AH         ; 软件延时
DLAY:   NOP
        NOP
        NOP
        NOP
        NOP
        DJNZ   R6 , DLAY
        MOVX   A , @DPTR         ; 读取转换结果
        MOV    @R1 , A           ; 存储数据
        INC    DPTR              ; 指向下一个通道
        INC    R1                ; 修改数据区指针
        DJNZ   R7 , LOOP         ; 8 个通道全采样完了吗
        ...
```

8.14.2　选择元器件

89C51 开发机	一台
ADC0809	一片
74LS373	一片
74LS74	一片
74LS02	一片

参 考 文 献

[1] 清源计算机工作室. Protel 99 SE 原理图与 PCB 设计. 北京：机械工业出版社，2001.

[2] 老虎工作室. 电路设计与制版 Protel 99 入门与提高. 北京：人民邮电出版社，2000.

[3] 李洋. 现代电子设计与创新. 北京：中国电力出版社，2007.

[4] 沈小丰. 电子线路实验. 北京：清华大学出版社，2007.

[5] 谢自美. 电子线路设计· 实验· 测试. 武汉：华中科技大学出版社，2006.

反侵权盗版声明

电子工业出版社依法对本作品享有专有出版权。任何未经权利人书面许可，复制、销售或通过信息网络传播本作品的行为，歪曲、篡改、剽窃本作品的行为，均违反《中华人民共和国著作权法》，其行为人应承担相应的民事责任和行政责任，构成犯罪的，将被依法追究刑事责任。

为了维护市场秩序，保护权利人的合法权益，我社将依法查处和打击侵权盗版的单位和个人。欢迎社会各界人士积极举报侵权盗版行为，本社将奖励举报有功人员，并保证举报人的信息不被泄露。

举报电话：（010）88254396；（010）88258888

传　　真：（010）88254397

E-mail：　dbqq@phei.com.cn

通信地址：北京市万寿路173信箱

　　　　　电子工业出版社总编办公室

邮　　编：100036